Más allá del Oeste

Más allá del Oeste

ÁNGEL FERNÁNDEZ-SANTOS

DEBATE

Papel certificado por el Forest Stewardship Council®

MIXTO
Papel | Apoyando la silvicultura responsable
FSC® C117695

Penguin Random House Grupo Editorial

Primera edición con esta encuadernación: octubre de 2024
Primera reimpresión: noviembre de 2025

Printed in Spain – Impreso en España

ISBN: 978-84-10214-17-0
Depósito legal: B-16.143-2024

Compuesto en Víctor Igual, S. L.

Impreso en Liber Digital, S. L.
Casarrubuelos (Madrid)

C 2 1 4 1 7 0

Índice

Advertencia

Se compone este libro de cinco averiguaciones en forma de espiral, o, si se quiere, de taladro, en el interior del inquietante lado oscuro que de vez en cuando asoma en el luminoso, pero difícil de penetrar y siempre inabarcable, universo del cine del Oeste.

El western, género cinematográfico que se alimentó, durante su período de incubación y formación, de mitologías folclóricas ingenuas, derivó en su madurez y, sobre todo, en su malhumorada vejez, hacia enrevesadas representaciones de las situaciones mayores de la existencia del hombre contemporáneo, llegando incluso a convertirse en una —y tal vez única— supervivencia en nuestro tiempo de la extinguida ceremonia de la tragedia, que encontró en este aparentemente inofensivo conjunto de películas una inesperada resurreción.

A lo largo de estos cinco ensayos se incluyen numerosas anotaciones de diálogos de filmes, tomados muchas veces *a pie de pantalla*, durante la proyección de más de un millar de películas del Oeste, entre ellas algunas de las más significativas del género. La parte aquí incluida de este conjunto de anotaciones es en algunos casos reproducción literal de diálogos originales y están extraídas directamente del guión del filme o, en caso contrario, cotejadas con él.

Otras veces, en cambio, estos diálogos proceden de versiones comerciales españolas de westerns doblados al castellano; otras, muy pocas, provienen de los subtítulos en castellano de versiones originales en inglés; y, finalmente, las restantes son síntesis de conversaciones más largas, aquí voluntariamente condensadas y reducidas a su esqueleto, por ser este el que mejor conviene para exponer en sus esencias la pronunciada *gestualidad verbal* característica del cine del Oeste.

En cualquiera de estos casos hay, si no siempre a la letra, entera fidelidad al espíritu de esa letra, por lo que a veces hemos preferido dejar algunos de estos diálogos en su versión recolectada *a pie de pantalla*, sin limar aposta sus imprecisiones. Así, tal y como quedaron fijadas en la memoria del espectador, estas anotaciones *a pie de pantalla* conservan la autenticidad del sonido y el inconfundible sabor, o espíritu, con que llegó a nosotros el *verbo westerniano*, que hemos pretendido apretar entre las líneas que componen esas citas; y con él iluminar algunas esquinas del curvo y misterioso itinerario que conduce a los territorios situados *más allá* del Oeste, que pretendemos explorar en las páginas que siguen.

Á. F-S.

1

Una tragedia de nuestro tiempo

Dijo Bayrd Still, un pionero en el estudio del fenómeno de la Frontera, que «el Oeste americano es uno de los asuntos de estudio más apasionantes de nuestro tiempo». El historiador francés Georges-Albert Astre, en su *Universo del western*, bucea dentro de esta idea: «El western es una de las pasiones contemporáneas más universales. Los innumerables amantes del cine del Oeste en todo el mundo encuentran en él la materialización de una sorprendente mitología, el desarrollo más o menos suntuoso, más o menos esotérico, de un cierto ceremonial: la celebración de una fiesta ritual en la que se consume, en el reencuentro con la libertad de los grandes espacios, una visión irrisoria de las civilizaciones occidentales».

Se puede ir un poco más allá en la búsqueda del fondo de esta pasión, que nos proporciona, en forma de vivencia personal, el paso de la frontera de la Edad Media a la Edad Moderna y que configura algo semejante a un transcurso que está al alcance de la capacidad de medida de un reloj de bolsillo: la idea de que en un universo consumado y cerrado sobre sí mismo todavía es posible cruzar la línea que los puntos sin retorno dibujan en los secretos mapas de los sueños. El simple vadeo de un río cuya otra orilla sigue inexplorada o la cabalgada libre sobre una planicie ilimitada son configuraciones imaginarias en las que una remota frontera histórica se convierte en una cercana frontera mental. Un hombre común, sobre el galope de un caballo, se encarama envuelto por una nube de polvo en el estribo de un tren en marcha que vulnera con su humeante asma blasfema la indiferencia de la llanura: un traslado amable y violento de edad en edad, eso es un western.

Es conocida la encrucijada que dibujó André Bazin en la cartografía de las leyendas de ese tiempo: «El western es el encuentro de una mitología con un medio de expresión». Marshall McLuhan estrechó un poco más el nudo corredizo al decir que «el western es el pasaje de las conexiones lineales a la configuración». Según esto, componen lo que llamamos western miles de filmes —entre los que se encuentran muchos de los peores de la historia del cine y algunos de los mejores— en los que aquel encuentro mitológico enunciado por Bazin puede contemplarse simultáneamente como idealización de una materia despojada de espíritu; como compensación imaginaria de carencias primordiales de nuestra época; y, finalmente, como sistema interpretativo de un mundo que un día fue hoguera, pero cuyo fuego hoy solo humea recuerdos invertebrados y cuyas viejas fuentes para interpretarlo se están secando. Una nueva fuente, con las aguas casi intactas, es el western.

Sobre el sudario lunar de un desierto, un oscuro jinete, convertido en un perfil donde hombre y caballo se funden en una entidad zoológica autónoma, cabalga parsimoniosamente, inclinado hacia delante por el peso de una tarea que no tiene principio ni final, una tarea que está herida por la melancolía. La imagen nos hace dueños de la luz irradiada por un antiguo arquetipo, que ha ido esta vez a aposentarse en el interior de un filme realizado en 1960 por Budd Boetticher, *Estación Comanche* (*Comanche Station*). Dos forajidos siguen de lejos al primer jinete y hablan entre sí:

> Billy: ¿En qué piensa ese hombre, Lane?
>
> Lane: Coby es un tipo raro. Anda siempre por ahí, solo, detrás de no se sabe qué y siempre en territorios comanches. Se dice que a quien busca es a su mujer. Se la quitaron los indios hace ya muchos años y cuando se entera de que a alguien le han quitado la suya se echa al camino y él es siempre quien la encuentra.

Un drama íntimo, pero vislumbrado desde rudas e insalvables distancias psíquicas, a través del perfil pétreo y bárbaro de un hombre fundido en un caballo contra la pantalla deslumbradora de un escenario donde todos los caminos están todavía por trazar: eso es un western.

> Johnny Guitar: No he venido a buscar camorra, señor Lonergan.
>
> Bart Lonergan: Llámeme Bart, los amigos me llaman Bart.
>
> Johnny Guitar: Como usted quiera, señor Lonergan.

Esta socarrona conversación pertenece a una película que señala uno de esos aludidos puntos sin retorno en la historia —mucho más enrevesada que la de cualquier otro conjunto de películas agrupadas bajo encasillamiento de género— del cine del Oeste norteamericano. Su título es *Johnny Guitar* y fue realizada en 1953 por un cineasta, Nicholas Ray, cuya vida se urdió sobre una tupida trama de infortunios, discurrió a lo largo de una cadena de tormentas íntimas y se mantuvo hasta el final herida por la necesidad de esconder su terca búsqueda de originalidad en una industria de mercancías efímeras, que le pedía, como parte inseparable de su trabajo, la muerte de su pasión por la inmortalidad. Esa misma industria, al homogeneizar mediante la producción en serie los relatos del Oeste, abrió, sin pretenderlo —o pretendiendo lo contrario—, los caminos de la originalidad del western.

La conversación de *Johnny Guitar* arriba reproducida resultaría incomprensible de no estar incardinada en el choque de las imágenes de dos hombres corpulentos, sucios e irónicos que, acodados en la barra de una cantina y enmascarados detrás de una costra de sudor sobre el polvo, se observan mutuamente con insolencia y recelo. Sterling Hayden y Ernest Borgnine, detrás de esas palabras, cargan la pantalla con electricidad contenida, con tensa hostilidad acumulada en sus gestos y se presiente que uno puede morir un instante después a manos del otro. Nada más que esto, un presentimiento de muerte aplazada que brota como una zona agazapada del enfrentamiento entre dos hombres cargados de ironía mortal; un explosivo silencio hablado que puede estallar repentinamente, con un solo paso irremediable más allá del juego de las miradas, de los galleos y los circunloquios verbales y físicos: esto es un western.

Un miserable Erostrato de aldea, el aprendiz de asesino que Henry King propone como opción reptil a la imagen alobada y ennoblecida por el cansancio del viejo forajido de *El pistolero* (*The Gunfighter*, 1951), realizada por Henry King, dice desde su rastrero abismo:

> PISTOLERO: De manera que ese es Johnny Ringo, ¿eh? ¿Y un tipo así es el que os mete miedo, hijos de perra? ¿Es que no veis en su cara que está destinado a morder el polvo?

El chulo se refiere al patético personaje que se arrastra sobre los andares largos y desgarbados de Gregory Peck, un viejo pistolero taciturno que regresa a su primera madriguera abandonada. El pronóstico se cumplirá y el viejo proscrito «morderá el polvo». El contenido literario de esta frase es pobre e inelegante; pero, pronunciada aquí, adquiere un poder referencial tan intenso que por sí sola reconstruye en la memoria una imagen de gran precisión y elegancia, una imagen cinematográfica pura, solo posible en un western.

En la aldea de Tascosa, en las primeras horas de la tarde, el *sheriff* McKey dormita en el porche de su oficina. Su ayudante le despierta con grandes voces:

> AYUDANTE: *Sheriff*, la viuda de Gómez va a tener un niño.
>
> MCKEY: Dele mi enhorabuena a Gómez.
>
> AYUDANTE: Pero, *sheriff*, Gómez murió hace más de un año.
>
> MCKEY: Siempre dije que Gómez es uno de esos tipos que sigue dando guerra después de muerto.

En esta escena inicial de *Dos cabalgan juntos* (*Two Rode Together*, 1961), John Ford y James Stewart —uno detrás y otro delante de la cámara— solo pretendieron hacer un chiste aldeano, pero en él hablan como si tal cosa de un hombre que sigue dando guerra después de muerto y eso es lo que con gallardía épica se dijo hace diez solemnes siglos de héroes tan encumbrados como el Cid. Nos encontramos, por consiguiente, ante la formulación de un mito épico o aspirante a tal, sin aparato literario envolvente, un mito nacido ayer o que está naciendo ahora. Estos mitos directos, sin retórica ni lejanía, leyendas surgidas de una prosaica cotidianeidad hostigada por la amenaza de lo excepcional, son los signos básicos del lenguaje del western.

El origen de estos signos hay que buscarlo en un rincón de aquel encuentro, enunciado por Bazin, entre una ya existente mitología del Oeste y un nuevo lenguaje, el cine, para expresarla. El western surgió como documento, antes que como ficción. El primer filme del Oeste que puede considerarse ficción procede del año 1903, su título es *El gran robo del tren* (*The Great Train Robbery*) y no lo hizo un hombre de cine sino un periodista llamado Edwin S. Porter, que quiso reconstruir en él, en forma de reportaje filmado, un suceso real ocurrido unas semanas antes. Pero con anterioridad a esta relativa ficción argumental, dos casas de filmación, la Edison y la Biograph, habían realizado entre 1894 y 1903 algo más de sesenta películas documentales sobre el Oeste, en las que se puede descubrir la práctica totalidad del aparato iconográfico del western, el conjunto todavía invertebrado de su futura sintaxis, capturado por aquellas arcaicas imágenes tal como se manifestaron históricamente y sin necesidad de reconstrucciones de laboratorio.

La simultaneidad entre el suceso y su conversión en mito era —como observa el ensayista francés especializado en el género J. L. Rieupeyrout— una práctica generalizada en todo el siglo XIX norteamericano. Un caso entre millares: unos años antes de la llegada del cine al estado de Montana, los miembros de la cámara de comercio de una ciudad llamada Deadwood decidieron considerar vivo a un pistolero conocido como *Deadwood* Dick. No es que dicho pistolero hubiera muerto, sino que nunca había existido: era producto de la imaginación de un novelista, Edward L. Wheeler, que así llamó al protagonista de ochenta de sus novelas de vaqueros y forajidos. Tal práctica mitologizadora se intensificó velozmente con la llegada del cine a aquel vasto escenario, un escenario que no hubo que reconstruir con la escayola de las fábricas de fantasías, pues el original estaba allí, esperando a las cámaras con sus rasgos primordiales intactos para ellas. En efecto, en 1940, James Horne, un especialista en westerns de serie, realizó para la Columbia un serial de quince episodios sobre la vida y hazañas de *Deadwood* Dick. Y el mecanismo generador de aquellos signos básicos se cerró de esta manera sobre sí mismo.

Hay definiciones excesivamente rotundas de lo que es un western y no deja de ser paradójico que el vicio definidor se aplique con esa radicalidad precisamente a un conjunto de filmes que, como tal conjunto, ofrece hacia fuera la evidencia oblicua de lo indefinible. Es posible que la acusada diferenciación argumental y la fuerza identificadora que en esta clase de películas tienen los tipos, los escenarios, los paisajes y las situaciones que les ponen en relación contribuya a ello, pero lo cierto es que como en las figuritas amorfas, que se resisten a cualquier intento de definición, de los tests psicológicos, cada uno tiende a ver en el western lo que de antemano quiere ver, y esto le complica las cosas al regusto por su definición.

El cine del Oeste predispone a la radicalidad en los juicios, sobre todo si son denostadores. Las películas que habitualmente se agrupan bajo el genérico western —que incluye a muchas que pueden considerarse westerns solo cogidas por los pelos y en cambio excluye a otras que son monumentos escondidos del género— componen, más que ninguna otra conjunción convencional de ellas, una serie de relatos, por lo general de trazado argumental sencillo, en los que la variedad se alcanza como consecuencia del ajuste previo de cada uno de esos relatos a un modelo preexistente. Este modelo ha experimentado a lo largo de ocho décadas un proceso de cristalización arrítmico, en oleadas o en fases, lo que le ha permitido enriquecerse con infinidad de variaciones. Todas estas variaciones del modelo son válidas a condición de que respeten lo inmutable, y es esto lo que complica las cosas, porque no resulta fácil identificar qué es lo inmutable en un conjunto tan variado y dispar de filmes. El western existe, está ahí, pero su naturaleza es difusa, no entra en el cerco de las sentencias sumarias y, como le ocurre a la evidencia del agua, se resiste a dejarse atrapar por las garras de los definidores. Porque realmente existe como género, el western se presta a ser negado o afirmado de manera rotunda, de tal manera que cada filme del Oeste puede medirse con relación a una totalidad; pero es esta totalidad, como enunciación abstracta de aquella condición inmutable, la que se escurre de entre las garras de las simplificaciones.

El cine del Oeste expulsa hacia sus contempladores una impresión de equivalencia con algunas ceremonias sociales muy arraigadas. Esto quiere decir que, desde hace casi un siglo, forma parte de la memoria cotidiana de multitudes humanas, como cualquier ritual de convivencia. Al igual que en estos rituales, en el western, la repetición de un patrón ceremonial preexistente no solo excluye la sensación de variedad, sino que la presupone, ya que la identidad reiterada de cada filme es una parte esencial de su originalidad, una singularidad tanto más difícil de alcanzar cuanto más vulnerables son las leyes a que ha de sujetarse. El western —que aparentemente es un juego arbitrario en el que se combinan formas fílmicas sencillas— encubre en realidad enrevesados diseños de precisión casi algebraica, que fueron elaborados a lo largo de infinidad de aportaciones moleculares que, filme a filme, gesto a gesto, signo a signo, han ido, lenta y laboriosamente, construyendo sus ecuaciones y sus leyes, de tal manera que si la materia del western es una persistente irracionalidad histórica, la forma que da sentido a esa materia es en cambio un seco puñetazo de lógica o, si se quiere, de alta racionalidad imaginaria.

De esto podemos extraer algo que a primera vista parece irrelevante, pero que si se observa con detenimiento adopta los perfiles saledizos de un inesperado relieve. La argumentación, muy común, que pretende negar la verdad de las películas del Oeste por la circunstancia —en parte real y en parte no— de que «todas son la misma», es una verdad ingenua, porque es precisamente en esa circunstancia donde reside una buena parte del poder de convicción de estas películas. El cine del Oeste tiene condición y cualidad de rito y todo rito es por fuerza repetitivo. Para Joseph McBride, un crítico cinematográfico que ha estudiado con ingenio y agudeza la obra fordiana, «John Ford era un hombre muy complejo que expresaba sentimientos en ideas extremadamente complejas con la mayor sencillez. El recurso de John Ford para aumentar el significado de lo cotidiano es el ritual. Piénsese en las interminables ceremonias que conforman el tejido de sus películas. Una persona implicada en un ritual celebra la solemnidad de sus propias acciones y al mismo tiempo está celebrando algo más allá de su propia persona. El ritual se hace más visible cuando percibimos que los personajes lo están improvisando como reacción ante una crisis, de tal manera que, al hacer un ritual espontáneo, Ford se burla de la convención y apela al sentido de una comprensión tribal». O, en palabras escuetas del propio John Ford: «Todo forma parte de un modelo».

Los instantes que identifican ese modelo son ritos fijados en las leyes no escritas de la memoria: el vadeo de un río por una caravana de pioneros; el esforzado arranque de esta con la proa orientada hacia una pradera ilimitada; la caza sin cuartel de un hombre por otro hombre; la muerte legislada por oscuros códigos innombrables en las calles polvorientas de un poblado acosado por la soledad en medio de una inmensa pradera; la irrupción de un vaquero sediento en el enrarecido y humeante interior de una cantina; la estampida de las reses enloquecidas por el desencadenamiento de una tempestad; el ataque circular de los indios aborígenes a los carromatos de unos voraces y míseros colonos que traen de Europa la loca idea de la parcelación de las tierras; la emboscada horizontal de una partida de guerreros indios a una diligencia desbocada; la gallarda y cautelosa entrada de un forastero en la calle vertebral de una aldea fronteriza no señalada por ningún mapa: estos y otros instantes necesarios para la identificación del modelo de que Ford hablaba, son siempre idénticos a sí mismos en lo esencial, repeticiones con aroma litúrgico de los innumerables pasos que configuran, como un intrincado tejido, el itinerario de esta misa pagana que llamamos western.

Cuando alguien entra en un cine o enciende un televisor para contemplar una película del Oeste sabe por adelantado qué va a ver o qué quiere ver. La variabilidad de cada filme, los márgenes que lo inmutable deja abiertos para ser ocupados por la originalidad de cada narración, hay que buscarla en la forma de oficiar el rito, de tal manera que en ella quepa lo imprevisto pero no lo imprevisible: una ceremonia tiende, abstraída de su origen y decantada por el paso del tiempo, a implantar un código y a crear mediante él una ortodoxia, pero cuando se sumerge en el tiempo evoluciona, experimenta mutaciones, genera una heterodoxia que es reconocible como tal cuando se le compara, a la manera de Ford, con un modelo fuente, cuya transparencia original puede ser vulnerada, ensuciada. De esta manera, cuando el western afirma un universo, deja como una grieta la puerta abierta para su negación. De ahí su capacidad creadora de libertad.

Esta es otra de las causas que hacen fáciles frente al cine del Oeste los juicios esquemáticos y radicales en exceso. El western genera fieles y adversarios, pero escasean frente a él los indiferentes; repele o fascina, pero raramente resbala sobre la piel de la receptividad. El esquematismo se origina en la existencia de una alternativa como la enunciada, que pone a estos filmes en relación con el enigma de las actitudes religiosas frente a realidades profanas, pues en la fascinación que despierta un rito de naturaleza civil hay siempre un trasfondo religioso. ¿Por qué una afirmación fílmica, aparentemente tan simple, desencadena un mecanismo de contradicción tan complejo? ¿Sobre qué recovecos de la respuesta discurre la paradoja de que el rechazo al western sea, cuando se produce, un rechazo fascinado?

Una respuesta amplia caería en estrechez. La más usada de estas aclaraciones amplias es la que se apoya en la simplicidad del cine del Oeste, sin detenerse a pensar que hay algo no simple en el hecho de que tal simplicidad es un cálculo genérico, un rasgo que abarca al western como totalidad, pero no a todas y cada una de estas películas que esta totalidad abarca. Cineastas muy complejos han descendido a la simplicidad del western con toda su carga a cuestas: Erich von Stroheim, David Wark Griffith, John Huston, Elia Kazan, George Stevens, William Wyler, Sidney Pollack, Nicholas Ray, Howard Hawks, John Ford, Arthur Penn, Fritz Lang, Joseph L. Mankiewicz, King Vidor, Tom Gries, Robert Aldrich, Budd Boetticher, William Wellman, Samuel Fuller, Walter Hill, Buster Keaton, Francis Ford Coppola, Charles Chaplin, Otto Preminger, Robert Parrish, Douglas Sirk, Anthony Mann, Raoul Walsh, Henry King, Michael Curtiz, Henry Hathaway, David Miller, Edward Dmytryk, Sam Peckinpah, Delmer Daves, George Cukor, Richard Brooks, por citar algunos nombres sonoros, y esa su carga de complejidad ha cabido holgadamente en la sencillez del rito. De ahí que la elementalidad del western no excluya su enrevesamiento, sino que este enrevesamiento es una parte de su equipaje natural.

Un ejemplo de este enrevesamiento: se ha dicho innumerables veces que, en el rito del western, la mujer no tiene cabida más que como sombra de sí misma, que este es un género solo de hombres. De ser así, esto sí que equilvaldría a una simplificación del juego imaginario y atentaría contra su capacidad para representar el juego humano, que quedaría reducido al esquema de un esquema: el estereotipo de la mujer atrincherada contra la avidez masculina. El personaje de Budd Boetticher que Randolph Scott interpreta en *Estación Comanche*, proclama sin cubrirse las espaldas:

> SCOTT: No he tenido suerte con las mujeres, excepto con aquella chica de Sonora que me dijo que quería casarse conmigo. Pero resultó que se lo dijo también a todo el mundo, menos a su marido, que después quería levantarme la tapa de los sesos. Desde entonces compruebo siempre la marca del ganado antes de meterme en otro corral.

Y el juez de *La dama de la frontera* (*Frontier Gal*, 1945), película realizada por Charles Lamont, dice mientras observa a Ivonne de Carlo:

> JUEZ: ¡Bonita yegua! Merece un buen establo.

El símil de la mujer-vaca o de la mujer-yegua no aparece tan solo en estas dos películas, sino en infinidad de ellas. Hiere por dentro a toda la historia del género, que, sobre todo en su fase primitiva, fue misógino sin ningún pudor. No obstante, infinidad de westerns nos demuestran que esta misoginia no siempre existe y cuando está en las pantallas no es en condición de hecho simple, sino en funciones de bastidor, un bastidor donde se tejen algunas de las complejidades mayores del juego entre hombres y mujeres.

Bastaría con evocar algunas de las madres y esposas de las ficciones elaboradas por John Ford para extraer de ellas una inversión del tópico de la mujer atrincherada, pues las particularidades que adquieren las formas de agresión femenina en el entrecruzamiento de violencias del western no son en absoluto elementales, sino todo lo contrario. El personaje Vienna (Joan Crawford) —del que su amigo Tom dice admirado: «Nunca he conocido a una mujer tan hombre como ella»— explica así en *Johnny Guitar* su adaptación al medio y, como consecuencia de ello, su presencia y su comportamiento masculinos:

> VIENNA: En el Oeste, ser hombre es cómodo.

Y, más adelante:

> GUITAR: ¿A cuántos hombres has olvidado?
> VIENNA: A tantos como mujeres tú recuerdas.

En esta representación de la cotidianeidad, la mujer es depositaria de una forma externa de incomodidad de vivir, pero, precisamente por eso, ha aprendido un sentido igualmente extremo de la supervivencia y, derivado de él, un instinto diferenciado de lucha, por lo que la supervivencia incómoda de la mujer cristaliza aquí en la singularidad de unos caracteres femeninos endurecidos por la adquisición no natural —o, si se quiere, cultural— de formas de supervivencia extrañas al varón y que compensan, en forma de otra capacidad de agresión, la *comodidad* de este. En *Tierras lejanas* (*The Far Country*, 1955), de Anthony Mann, Ruth Roman devuelve a James Stewart la misma bofetada que Nancy Gates recibió de Randolph Scott en *Estación Comanche*:

> JAMES STEWART: ¿Por qué no se fía de los hombres?
> RUTH ROMAN: Porque una vez me fié de uno.

Y, más adelante:

> RUTH ROMAN: ¿Quieres que cometamos la locura de confiar el uno en el otro?

En la mujer del Oeste se produce una mutación en la frontera de lo biológico: masculinización hacia fuera como estrategia de conservación de su condición femenina hacia dentro, lo que, en esencia, es el mismo mecanismo de adaptación de la mujer a una sociedad industrializada por hombres y de la que la mujer *westerniana* es un signo precursor insumiso, astuto y desgarrado. Joan Crawford y Mercedes McCambridge, las dos fieras antagonistas de *Johnny Guitar*, ilustran esta mutación, nada simple, sino incluso tortuosa. Cuando el pistolero bailarín *Dancing* Kid propone a Vienna que huya con él, del sanguinario desierto en que sobreviven, a la dorada California, obtiene esta respuesta:

> DANCING KID: ¿Te ayudo a hacer el equipaje?
> VIENNA: Tiré los baúles cuando llegué a este lugar.

En el western, el hombre transita y la mujer se queda, pero su atrincheramiento, lejos de ser un hecho simple, lleva dentro el complejo signo del asentamiento. Este manantial, como en todo movimiento poético de tipo épico, hace de ella, en una gigantesca empresa de colonización, portadora de la tinta del registro de la propiedad rural usurpada, el germen inconmovible del espíritu de la colonia, de la retaguardia de la batalla. Elia Kazan y Raoul Walsh, a través de Jo Van Fleet en *Río salvaje* (*Wild River*, 1960) y *Un rey para cuatro reinas* (*The King and Four Queens*, 1956), respectivamente, expresan las últimas consecuencias de la decisión de Vienna de tirar sus baúles, equivalente a la de Hernán Cortés de quemar sus naves o a la de Pizarro de crear el extremo enloquecido de todo espíritu de conquista: la idea de que en todo itinerario violento hay un punto sin retorno. En *Un rey para cuatro reinas*, Clark Gable pregunta al cantinero del poblado —en la cantina o *saloon* de un western convergen los hilos de la información y el estallido final de los cortocircuitos provocados por esos hilos— por qué camino se va al rancho de la vieja McDade:

> CANTINERO: ¿Adónde se dirige, forastero?
>
> GABLE: A Wagon Mount.
>
> CANTINERO: Le invito a un trago, amigo. Puede ser el último de su vida.

La señora McDade (Jo Van Fleet) es, según Gable, «una vieja con mérito, una jugadora que apostó tres veces y perdió otras tres. Le queda una sola carta y va a jugar fuerte». McDade perdió a balazos, uno a uno, a sus tres hijos, y, a medida que estos morían, ella asumía su vacío, sus funciones, incluso sus armas, como una esponja que absorbe y recompone las carencias que la muerte deposita a su lado. En el western la mujer tiene una poderosa existencia como zona oculta y como presencia perturbadora. Un personaje de Budd Boetticher expone a sus compañeros de travesía de desierto en *Estación Comanche* la conveniencia de eliminar a la mujer que llevan cautiva antes de adentrarse en la zona de viaje sin vuelta, de punto sin retorno:

> FORAJIDO: Las mujeres no son buenas. Una mujer es solo una mujer.

Esta frase, mezquina y tautológica, es, no obstante, producto de una afinada lógica utilitaria si se tiene en cuenta la situación en la que es pronunciada: una mujer es solo una mujer, un animal humano con menos recursos que su contraparte para extraer supervivencia de la situación natural a que ha sido arrastrada; o, de otra manera, un ser incompleto, que rompe la naturalidad de esa situación y la vuelve artificial, agravada por un factor no previsto en las reglas de un juego al que no ha sido llamada y del que en realidad ha sido excluida de antemano. En *El jugador* (*Tennessee's Partner*, 1955), de Allan Dwan, dos jugadores, John Payne y Ronald Reagan, entran en debate:

> PAYNE: ¿Casarme yo? ¡Imposible!
> REAGAN: ¿Por qué?
> PAYNE: Porque tendría que casarme con una mujer.
> REAGAN: ¿Y qué tienen de malo las mujeres?
> PAYNE: Que se comportan como mujeres.

Es, más o menos, lo mismo que Randolph Scott intenta explicar a su compañera de itinerario en el filme de Budd Boetticher *Cabalgada en el desierto* (*Ride Lonesome*, 1959):

CARRIE: Yo sé cuidar de mí misma.

BRIGADE: Si fuera usted mi mujer, no tendría necesidad de saberlo.

CARRIE: ¿Por qué?

BRIGADE: Porque no estaría usted aquí. Este no es lugar para una mujer.

Aunque ese —el ámbito inabarcable y hostil del western— no sea «lugar para ella», la mujer está allí, y el hecho de que, como dice el forajido de *Estación Comanche*, perplejo por la presencia de la cautiva —una presencia que rompe en pedazos su estrategia animal de supervivencia—, «no es natural este sitio para ella», su queja, como la más pausada de Ben Brigade, expresa la intensidad del poder transgresor que la mujer, en cuanto algo *no natural* añadido a la naturaleza, posee en el western. Más que un ramplón estorbo, una mujer es en el marco del western una carencia y, por consiguiente, un factor de agitación en un tránsito cuyo itinerario natural no ha previsto la presencia de tal *artificio*. Esto, que puede interpretarse de muchas maneras, en ningún caso puede ser considerado como una simplificación, sino justamente como todo lo contrario: los filmes del Oeste suelen ser relatos lineales, pero su linealidad es de esas superficies llanas que ocultan subsuelos rugosos.

JOHNNY GUITAR: ¿Por qué te odia tanto Emma?

VIENNA: Dancing Kid anda detrás de mí y ella está enamorada de él.

JOHNNY GUITAR: ¡Pero si ayer tarde quería colgarle!

VIENNA: Kid le hace sentirse mujer. Esto la perturba.

Ritos como el western echan raíces cuando mezclan una parte de esoterismo y otra de transparencia —duplicidad que engloba a la mujer y, por contagio de su poder de perturbación, al hombre— sin que esta simultaneidad de contrarios derive en una contradicción sino que, por el contrario, deduzca armonía de ellos y extraiga de su choque recíproco una chispa sagrada. Escribió el crítico cinematográfico francés Bernard Dort, en un ensayo sobre la evolución del western publicado en la revista especializada francesa *Cinema 70* que «el western es un equivalente actual de las novelas de caballerías. Su héroe, el fulgurante *cowboy* del siglo XX, es una réplica exacta del bravo caballero andante del siglo XIII. De esta manera la presencia en él de lo sagrado es lo que explicaría el placer que nos causa y la fascinación que ejerce sobre nosotros».

La palabra *sagrado* debe tomarse como sinónimo de maravilloso, capturado ahora, casi en nuestras manos, y destinado a un mundo de donde ha sido expulsado, como lo fue del Paraíso, por una espada de hierro ardiente. Los lazos que el hombre actual tiene con estos relatos elementales —una especie altamente diferenciada del cine de acción, que es el que convoca a más apretadas masas de espectadores en todo el mundo— son del tipo de los del náufrago con una balsa: los últimos vínculos con la poesía simple de la última guerra simple declarada por los hombres, la guerra a zarpazos contra las laderas de una montaña no escalada; a galope contra el espacio abierto de una pradera no atravesada; a golpes de remo contra las turbulencias de un río no remontado; a ideas contra una naturaleza no dividida y todavía no degradada. El destino es el único aliado del guerrero en esta empresa. En *Horizontes lejanos* (*Bend of the River*, 1952), de Anthony Mann, oímos el siguiente diálogo:

ARTHUR KENNEDY: ¿Tiene rifles tu gente?
JAMES STEWART: Sí.
KENNEDY: ¿Sabe usarlos?
STEWART: No.
KENNEDY: ¿Con qué piensas, en ese caso, atravesar Big Horn?
STEWART: Con suerte.

O, al revés, en *Johnny Guitar*:

ANDREWS: Sus enemigos son fuertes, Vienna. Más fuertes que yo. Le deseo buena suerte.

VIENNA: Gracias, señor Andrews, pero no creo en la buena suerte. Lo que necesito son fusiles.

La complejidad de estos aparentemente sencillos relatos cinematográficos procede de una peculiaridad que podemos descubrir fácilmente en lo más hondo de ellos. Cuando exploramos en el interior de estos westerns profundos hay algo en ellos que nos impide detenernos en el lado deportivo e ingenuo de esa última guerra simple que representan; y, sin que nos demos cuenta de ello, las garras de nuestra exploración penetran en turbios recovecos, en turbulencias secretas, algunas muy duras y amargas, que se mueven bajo la aparente simplicidad de esa guerra. Es entonces cuando tal simplicidad se transforma en un asunto complejo y difícil de transitar con un equipaje analítico común, pues en los westerns profundos se invierten las reglas del rito y esta inversión da lugar a que el festejo elemental de la última guerra simple adquiera esquinadas capacidades para expresar rasgos no simples de la identidad de nuestro tiempo.

Por ejemplo, la exaltación de la naturaleza, connatural a las reglas elementales del género, adquiere en el western profundo los perfiles de un negro poema sobre la degradación de esa misma naturaleza exaltada, que si inicialmente era ofrecida como un escenario limpio, repentinamente se ensucia. La idea, formulada por algunos analistas del género a raíz de la irrupción en las tradiciones *westernianas* del vitriolo de los filmes de la generación de Sam Peckinpah, de que hay un cine del Oeste sucio como punta crítica de la evolución de un género nacido *limpio* —y en ello nos detendremos más adelante—, es exacta si se toma la evolución del western en su orden cronológico, que a veces es más un desorden. Pero si, por encima de este orden o desorden cronológico, penetramos en los vericuetos del western profundo, esa *suciedad* se nos manifiesta no como una adquisición final adherida al crepúsculo del género, sino como un adjetivo permanente de este, que existe en él, y persiste cuando menos como amenaza, desde su aurora.

Recordemos la limpieza de la imagen *westerniana*, la teatralidad soñada de su escenario, la irreal —cuando no superreal— transparencia de sus colosales decorados; reconstruyamos la presión del horizonte en *Nevada Smith* (1966) o en *Del infierno a Texas* (*From Hell to Texas*, 1958), ambas de Henry Hathaway, uno de los maestros del western que alcanza más afinados instantes de participación del paisaje en la metáfora nuclear del relato. Solo John Ford y Anthony Mann pueden llegar a tanta perfección en la incursión del horizonte físico en los acordes del poema. La luz es, en estos filmes citados, como lo es también en *El gran combate* (*Cheyenne Autumn*, 1964), de Ford, y *Tierras lejanas*, de Mann, un deslumbramiento, es decir, una luz repentina y excesiva, similar a esa extraña sensación de cercanía que produce lo infinitamente distante en los cuentos infantiles. En *Raíces profundas* (*Shane*, 1953), de George Stevens; en *Flecha rota* (*Broken Arrow*, 1950), de

Delmer Daves, y en tantos otros filmes de las zonas abruptas y hondas del género, la cegadora luminosidad del espacio se origina no solo en la fotogenia que lo ilimitado adquiere cuando es capturado como límite, sino también en que ese deslumbrador escenario arrastra consigo toda una teoría cinematográfica de la naturaleza: la consideración de esta como un inexplicable foco luminoso de oscuridad. La pradera, el desierto, el espacio esencial del western, dibuja en la retina del espectador una imagen de horizontalidad que no es únicamente geográfica, sino que adquiere en la pantalla una inesperada vertiente moral: la imagen de una rectitud que se proclama inocente pero que no obstante participa en el debate sobre una oscura culpa; y esta culpa es, como veremos con algún detenimiento más adelante, el cieno que reposa bajo el manantial transparente de la aventura del Oeste.

En el western el paisaje es más que un simple decorado: es una forma de existencia dramática de la naturaleza, cuya punta extrema hay que buscarla en los filmes del Oeste de Howard Hawks, y en especial uno de ambiente africano, *Hatari!* (1962) en el que tenemos ocasión de participar en la última guerra natural desencadenada por el hombre, una lucha cuya felicidad se agota en su ejercicio. Hawks —evoquemos *Río Rojo* (*Red River*, 1948), *Río de sangre* (*The Big Sky*, 1952), *Río Bravo* (1958), y sus dos westerns tardíos, *Eldorado* (1966) y *Río Lobo* (1970)— es dueño del secreto que identifica el dominio sobre la naturaleza con el deporte. La intensa y al mismo tiempo expansiva vida de sus personajes obedece a que su creador les hace moverse sobre las leyes de una existencia concebida como juego. Hay por tanto en sus filmes fascinación en grado insuperable, ya que en ellos nos muestra que es todavía posible para los hombres identificar sin dolor fines con medios y que, por consiguiente, el adulto puede aún jugar. Pero en ese juego hay otro lado de perfiles borrosos, y este habitáculo corroe por dentro el optimismo inicial de la aventura *westerniana* e incrusta en el revés de esa aventura el gesto taciturno de un pesar, lo que otorga calidades crepusculares a aquella naturaleza auroral, no dividida, no degradada. El western es, con frecuencia a su pesar, el poema de esa división y de esa degradación: la ruptura de la tierra con su condición de tierra y su conversión en territorio.

La razón de este ocultamiento hay que buscarla —como veremos más adelante— en una innombrable pulsión genocida, que sirve de bastidor subterráneo al western y que obliga a la racionalidad de sus relatos a soportar el peso de un sangriento fardo heredado de colosales e insoportables dimensiones. El historiador W. Jacobs, en su *Expolio del indio norteamericano*, expone sucintamente el itinerario de esta catástrofe histórica sobre la que el western construye sus contenidos optimistas: «Cuanto más penetró el filo de la colonización blanca en las tierras aborígenes, el sistema europeo de propiedad de la tierra fue provocando mutaciones irreversibles en las vidas de los pueblos nativos. Los indios concebían la tierra de modo muy diferente a los colonos europeos. Estos eran con frecuencia fugitivos del sistema de la propiedad agraria vigente en sus países de origen e iban al Oeste norteamericano con la fiera determinación de hacer suya una parcela de tierra. Pero el indio consideraba que la tierra no está sujeta a ventas ni a propiedad individual». De otra manera: el hombre blanco, para narrar su esfuerzo de conquista del Oeste, construyó un edificio idílico con barro amasado en las cenizas de un túmulo funerario.

Hay estremecedores documentos que hablan del grito de la tierra ante la amenaza blanca de romper su condición de tierra, su totalidad bárbara e ingobernable, y esposarla con la categoría jurídica domesticada de parcela o de territorio. Uno de estos documentos procede del año 1885 y ha sido adoptado como una Biblia por las ideologías ecologistas contemporáneas. Se trata de un mensaje oral —transcrito posteriormente en actas burocráticas y depositado en los archivos de la Secretaría de Asuntos Indios de Washington— enviado en el año 1855 por el jefe Seattle, de la tribu suwamish, al entonces presidente de los Estados Unidos, en contestación a la oferta de este de comprarle sus territorios a la tribu. Dice así:

> El gran jefe blanco envió palabra de que desea comprar nuestra tierra ... Nosotros consideramos su oferta porque sabemos que de no hacerlo así el hombre blanco puede venir con pistolas a quitárnosla. El gran jefe Seattle dice: ¿cómo intentar comprar o vender el cielo, el calor de la tierra? La idea nos resulta extraña. Si no es nuestra la frescura del aire o el destello del agua, ¿cómo pueden comprárnoslas? Cada pedazo de esta tierra es sagrado para mi pueblo, cada aguja de pino, cada ribera arenosa, cada niebla entre los bosques oscuros es santo en la memoria y la vivencia de mi gente. Sabemos que el hombre blanco no entiende nuestras razones, que para él una porción de tierra es la misma que la siguiente. La tierra no es su hermana sino su enemiga y cuando la ha conquistado se retira de ella. Deja atrás la sepultura de su padre, no le importa. Y olvida también el lugar donde nació su hijo. Su apetito de tierra hará que la devore y deje un desierto a su espalda. La sola vista de sus ciudades llena de pánico los ojos del *piel roja*. Pero quizás esto es porque el *piel roja* es un salvaje y no lo entiende. No existe un lugar pacífico en las ciudades del hombre blanco. Ningún lugar para oír las hojas en primavera o el susurro del vuelo de los insectos. Pero quizás porque yo soy un salvaje, no logro entenderlo. Pero ¿para qué vivir si el hombre no pude oír el adorable lamento de la

> chotacabra o el argumento de las ranas en la noche alrededor de una charca ... Si decidiera aceptar la compra de nuestra tierra lo haría con una condición: que el hombre blanco tratase a las bestias de esta tierra como a sus hermanos. Yo soy un salvaje y no entiendo cómo el humo del *caballo de hierro* puede ser más importante que el búfalo ... Porque cuando los búfalos sean exterminados, los caballos salvajes amansados, la esquina secreta del bosque pisada, ¿dónde estará la maleza? Se habrá ido. ¿Dónde estará el águila? Se habrá ido. Pero decid adiós a volar y a cazar y la esencia de la vida comenzará a extinguirse ... Si les vendemos nuestra tierra, ámenla como nosotros la hemos amado, pues ni siquiera el hombre blanco está exento del destino común.

El jefe indio conocía bien a los usurpadores de la tierra: los padeció. ¿Qué otra cosa podía decir un apacible indio de un ave rapaz que inscribía entre sus refranes de anochecer este feroz proverbio?: «¿Por qué voy a preocuparme por mis descendientes si ellos nada hicieron por mí?». Los geógrafos Raymond F. Dassman y Carl Sauer afirman que lo ocurrido en California entre 1850 y 1910 fue una catástrofe ecológica de tales proporciones «que solo puede ser comparada con la extinción posglacial de algunas especies». Tal fue la huella que dejó el hombre blanco tras la riada del oro, pero no era esta una excepción, y menos aún para los ojos del jefe Seattle, sino la derivación natural de órdenes como la siguiente: «Los objetivos inmediatos son la total destrucción y desarticulación de los campamentos indios. Debe considerarse esencial arruinar sus cosechas e impedir que vuelvan a sembrar sus campos». La firmó, con su puño y letra, un hombre de rostro bondadoso llamado George Washington.

Hay claustrofobia en la encerrona del espacio abierto. En la aventura del western, el hombre blanco rompe la unidad sagrada del paisaje, vulnera y pisotea lo que, en *Moby Dick*, Herman Melville llamó «el oscuro lado indio de la naturaleza» y, en sus mismas palabras parabólicas, se adueña, poseído por una locura enloquecida, del «lado oscuro de la tierra». Un proverbio de los indios cheyennes dice que «Dios duerme en el corazón de las piedras, respira dentro de las plantas, sueña en los animales y despierta en el hombre». De ahí que, desde el punto de vista de la tierra, es decir, desde el oscuro lado indio de la naturaleza, la aventura blanca en el espacio del western sea fatalmente una aventura blasfema, una tarea que dejaron incumplida dioses olvidadizos y durmientes, cuya vigilia ha sido usurpada por hombres de otra piel y de otro mundo que en su itinerario deicida transportan —de nuevo la metáfora de Melville— «armas como cálices asesinos» para celebrar su ceremonia de conquista y de profanación.

Escribe Georges-Albert Astre que el western «hace revivir una y otra vez el instante privilegiado y peligroso en que, sobre un continente nuevo, vuelve a comenzar la experiencia primera de los hombres. Es el instante en que se construye la primera ciudad en que se nombra al primer juez y al primer policía, en que Caín debe ser castigado por sus semejantes y no solo por el ojo de Dios». Y grita Melville, desde la otra orilla del universo que ocupó el jefe Seattle: «¿Desviarme? El camino hacia mi propósito fijo tiene raíles de hierro, por cuyo surco mi espíritu está preparado para correr. ¡Sobre gargantas sin sondar, a través de las entrañas de las montañas saqueadas, bajo los cauces de los torrentes, yo me precipito sin desvío! Nada es obstáculo, nada es viraje para el camino de hierro».

En *El valle del destino* (*Valley of Decision*, 1945), de Tay Garnett, alguien proclama: «Los Estados Unidos se están extendiendo a lo largo de tres mil kilómetros. Se tienden raíles y se saca el hierro de las entrañas de la tierra. ¿No es eso poesía?». Menos optimista es el personaje que Lee Marvin interpreta en el filme de Robert Aldrich *El emperador del norte* (*The Emperor of the North Pole*, 1973):

> MARVIN: Hubo un tiempo en que los estercoleros eran acogedores, pero ahora la basura de este país se ha convertido en una porquería ... ¡Ese maldito tren! Ponlo patas arriba y mírale las tripas para verle la marca. Leerás dentro: fabricado en el infierno.

El hombre blanco trae a la tierra intacta el «poema de la civilización». Pero este poema, en el escenario del western —otra vez Melville—, no es otra cosa que la poesía de «los estados avanzados de la barbarie»; o, si se quiere, de las tripas metálicas de un caballo de hierro fabricado en el infierno. El hombre blanco, cuando lucha por la tierra lucha contra ella, cuando funda la primera ciudad inventa al primer incendiario y al nombrar al primer juez designa al primer reo. Este desgarramiento es otro acorde inmutable de la ceremonia del western: convierte a la tierra aliada en territorio hostil o, de otra manera, provoca una mutación en lo que conquista. Dijo John Ford: «Los hombres blancos nunca se sintieron tan incómodos como aquí, donde el auténtico paisaje en su auténtica belleza se nos enfrenta un poco diabólico y burlón». Y añade Joseph McBride, comentando las palabras del cineasta: «Ese diabólico e irónico paisaje es, para Ford, algo más que un lugar real, es un campo de batalla moral, un estado mental, cuya belleza recuerda a las teorías de los poetas decadentes sobre la estética de lo inútil, porque es al mismo tiempo un final muerto y un valor último, el lugar perfecto para el acto gratuito, cuyo horizonte, más allá de la sociedad, apunta a lo eterno». Desde esa eternidad vulnerada se entiende mejor la antigua costumbre practicada por los indios navajos de no dejar rastro en los lugares donde acampaban. Esta costumbre fue meticulosamente descrita a mediados del pasado siglo por una mujer colona, Willa Cather, en un relato titulado *Death Comes for the Archbishop*. El comportamiento de los indios navajos fue interpretado por los colonos y exploradores como un síntoma de la felonía y del espíritu instintivamente traidor del indio, pero en realidad se trataba, como observa Lewis Jacobs, de un rasgo de religiosidad profunda, de origen inmemorial y no belicoso, inscrito en los mandatos instintivos de su conducta frente a la naturaleza, pues lo que el navajo buscaba al borrar sus huellas y deslizarse sigilosamente delante de ellas, no era preparar una emboscada sino desvanecerse en la infinitud del paisaje para encontrar en él su identidad divina, su conexión ancestral con la eternidad. Nada de esto hay en los escasos alcances del pistolero Bull (Arthur Hunnicut) de *Eldorado*, de Hawks, cuando suelta, junto con su compañero de banda *Mississippi* (James Caan), la siguiente perorata a su jefe Thornton, que interpreta John Wayne:

> MISSISSIPPI: Thornton, Nelse MacLeod acaba de irse del pueblo.
>
> BULL: ¡Ten mucho cuidado, Thornton! Tengo entendido que MacLeod es medio indio: puede que lo que intente es que creamos que se ha ido. Me pica la nuca. Siempre que se acerca un tiroteo, me pica la nuca. Es el mismo cosquilleo que me producían los comanches cuando estaban cerca y yo no podía verlos.

Hay un gramo de verdad cuando se dice que el western es el último acto de inocencia de una edad culpable, pero hay otro gramo de verdad cuando se añade que en él algo se escapa, como un secreto malhumorado, del cerco idílico de la idea de pureza. No todo es transparente en una poesía de la elementalidad capaz de guardar como una tela de araña inesperados entresijos sombríos: la impureza entra en esta poesía de la pureza con inquietante familiaridad. El crítico cinematográfico italiano Pio Baldelli, en un largo estudio publicado por la revista francesa *Cinema 70* y dedicado a la serie de filmes del Oeste que en los años sesenta se realizaron en Italia y España —pero sin perder de vista nunca las reglas clásicas del género—, dice que «el cine del Oeste proporciona una satisfacción a la infancia del espectador adulto», lo que indica que hay algo en estas *inocentes* películas con vocación de cobertura de antiguas carencias enquistadas en el crecimiento incompleto del hombre contemporáneo, una especie de poder balsámico sobre zonas extremadamente delicadas de su identidad que le han sido amputadas del recuerdo. Observa el crítico francés F. Truchaud en su estudio sobre Nicholas Ray la facilidad con que entra en el cine del Oeste el gesto telúrico de la poesía dramática shakespeariana. Por su parte, Georges-Albert Astre deduce con buena lógica de este estudio la importancia que los símbolos oscuros, las zonas innombrables, tienen en el western y afirma que «tales símbolos convierten en rito, en representación indirecta, a una sexualidad que la censura social impide expresar en toda su vehemencia. El western, que durante mucho tiempo fue (y en las series de televisión sigue siendo) un género de consumo eminentemente familiar, está en realidad atestado de imágenes que son equivalencias del acto sexual, con frecuencia sin que sus realizadores se den perfecta cuenta de este mecanismo». Y, más adelante, con mayor radicalidad: «Frente al advenimiento de la edad industrial, a la desvitalización y a las alteraciones que lleva consigo el reino de la anti-naturaleza, el hombre del western es un semidiós que restablece el equilibrio y hace revivir en el fondo del inconsciente a los símbolos más antiguos, a los rituales precristianos, a las creencias inmemoriales».

Lo que, según esto, arrastra a la gente a participar en el juego del western es la tendencia del espectador adulto a identificarse no tanto con actos que expresen la idea de pureza, como con actos violentos formalmente bellos y con actos aparentemente asexuados pero que encubren pulsiones eróticas sofocadas. La inocencia de estos filmes tiene por tal causa una contrapartida culpable: alimentan una oculta demanda de nostalgia de barbarie, de sexo inexplícito y de violencia formalizada; un tipo de añoranza, de erotismo y de violencia que son requeridos por la sensibilidad de millones de hombres que se sienten acosados por la presión amorfa de las sociedades industriales contemporáneas y que tienden a buscar en la pantalla imágenes compensadoras de esa presión, lo que descubre en la médula del cine del Oeste un mecanismo anímico liberador respecto de inhibiciones muy arraigadas, muy profundas y más generalizadas de lo que a primera vista parece. El western, que se manifiesta como un ejercicio pagano de vulneración blasfema de lo sagrado, es siempre un sueño y, con frecuencia, una pesadilla de libertad. Contó Jonas Mekas, legendario cineasta norteamericano de origen letón, uno de los fundadores de la escuela del cine *underground* neoyorquino, en su *Diario de Cine*, el 17 de febrero de 1960: «Siempre puede encontrarse una película del Oeste cuando se va a la calle 42. El Times Square Theatre, que solo exhibe westerns, siempre está lleno, de día y de noche. Gente triste y solitaria, generalmente gente mayor. Es como un asilo de ancianos y todos ellos son hombres. El western les hace compañía. Se sientan allí, en medio de esa poesía majestuosa desplegada en la pantalla y sueñan».

En el western, la mujer, el indio y la tierra son sujetos pasivos o, si se quiere, adjetivaciones perturbadoras de un equilibrio donde solo el hombre blanco es sustantivo. Dos forajidos, Sam Boone y su socio Wid, un sórdido chacal con el olfato atado a las huellas de la fiera, que Pernell Roberts y James Coburn interpretan en *Cabalgada en el desierto*, intercambian opiniones en un alto de su travesía del desnudo pellejo desértico:

> WID: Mira, Sam, señales de guerra. Hay un tratado con los mescaleros, ¿no?
>
> SAM BOONE: Palabras en un papel.
>
> WID: Ahora nos llevamos bien con ellos.
>
> SAM BOONE: Yo conocí una vez a un hombre que se llevaba bien con su mujer, hasta que un día ella se lo cargó de un tiro.
>
> WID: ¿Por qué lo mató?
>
> SAM BOONE: Se despertó de mal humor. Los mescaleros a veces se despiertan también de mal humor.
>
> WID: Nosotros no les hemos hecho nada.
>
> SAM BOONE: ¿Tú crees, Wid? Somos blancos. ¿Te parece poco? Pues esto basta.

¿Por qué es fascinador un sueño que deriva en pesadilla de libertad si el repliegue de los actos nostálgicos genera tristeza? Hay algunas peculiaridades de la libertad soñada por el western que pueden dar algunas pistas para penetrar en este enigma. El forajido y fugitivo Sam Boone de *Cabalgada en el desierto* expone a Ben Brigade, el pétreo y lacónico cazador de recompensas que interpreta Randolph Scott, su compleja situación personal con esta desarmante precisión:

> SAM BOONE: ¡Brigade!
>
> BEN BRIGADE: ¿Qué quieres?

SAM BOONE: Dijiste que hace falta un buen motivo para estar en esta tierra.

BEN BRIGADE: Lo dije.

SAM BOONE: Pues tienes razón. ¿Sabes que han puesto por todas partes un cartel de captura para Billy John?

BEN BRIGADE: ¿Qué cartel?

SAM BOONE: Está pegado en todos los árboles de aquí a Río Bravo. Dice que la ley del territorio concederá amnistía a quien entregue a Billy John al *sheriff* de Santa Cruz. ¿Sabes que Wid y yo tardamos una semana en averiguar qué es amnistía? Un tipo que vendía biblias nos lo explicó: significa que si un tipo como yo entrega a un tipo como Billy John, a él lo colgarán y a mí me dejarán libre.

BEN BRIGADE: ¿Y qué?

SAM BOONE: ¿No te das cuenta, Ben? Significa que un hombre se interpone entre yo y mi libertad.

El forajido Boone es un hombre inteligente. En la vasta galería de criminales del cine del Oeste hay infinidad de ellos que han llegado a esta oscura condición precisamente por su espíritu lúcido. La libertad a que se refiere el forajido Boone es un tanto especial, porque, incluso en sentido físico, puede decirse de ella que está ahí, al alcance de su mano, como lo está la culata de su revólver: media entre la libertad y su tenaz buscador nada más que una pequeña concentración de energía, el disparo de un Colt formalmente sancionado por un cartel encabezado por la palabra mágica *wanted*, se busca. El poder fascinador del western se manifiesta con rara intensidad en la singularidad de algunos de sus hombres *malos*: el forajido, el *outlaw*, el hombre que está fuera de la ley, encarna una ambición inconfesable de los hombres que están dentro de ella, su predisposición innata para dejarse subyugar por la potencia estética del crimen.

El asesinato es, en el western, el supremo acto libre porque es el que está más rígidamente formalizado y, por consiguiente, ritualizado. «Un hombre se interpone entre yo y mi libertad.» En esta tremenda sentencia, el forajido Sam Boone concentra su energía emocional en un disparo soñado que conduce —a la manera de Melville, sin virajes, a través del itinerario de una moral rectilínea— a la luz: la libertad es la supresión del otro concebido como obstáculo. Fascina en la figura del *outlaw* esa magnética condición que le permite influir en su destino mediante su violencia. Recordemos nuevamente al forajido Boone: tiene detrás de él una larga galería de maestros en la historia del cine del Oeste. Uno de ellos es el fratricida James Stewart de *Winchester 73* (1950), de Anthony Mann, al que un tesón inconmovible, mineral, le hace seguir —otra vez esa moral rectilínea, sin curvas ni virajes, extraída de la metáfora del caballo de hierro— las huellas de su Caín particular, de su hermano parricida, Stephen McNally, asesino de su propio padre:

> MILLARD MITCHELL: ¿Por qué sigues en esto?
>
> JAMES STEWART: Mi padre me enseñó a cazar.
>
> MILLARD MITCHELL: Pero no a cazar hombres.
>
> JAMES STEWART: No veo la diferencia. Él me enseñó a cazar a mí, pero a él no le enseñaron a protegerse de los que disparan por la espalda. Tengo prisa porque todo esto acabe de una vez y yo pueda volver a ser una buena persona.

El arquetipo del bandido homicida es, como veremos más adelante, una de las fuentes torrenciales de la fascinación del western e inclina a este hacia el lado de la más compleja de las mitologías románticas, la que presagiaron Schiller y Hegel alrededor del oscuro signo del bandido. Clark Gable, el viejo, cansado y amargo asesino de caballos de *Vidas rebeldes* (*The Misfits*, 1961), de John Huston, descubre un aspecto terrible de esta oscura reencarnación romántica en el hombre del Oeste y afirma con frialdad:

> CLARK GABLE: Cuanto menos se mata, más terrible parece.

Y otro forajido, exterminador inmisericorde de búfalos y de hombres, el bestial cazador de bestias que Robert Taylor interpreta en *El último cazador* (*The Last Hunt*, 1955), de Richard Brooks, redondea la parábola:

> ROBERT TAYLOR: Cuanto más se mata, más hombre se es. La guerra es lo natural. La paz es solo una tregua. Matar es la mejor prueba de que uno sigue vivo.

Matar —la suprema negación— es en el western la forma por excelencia de afirmar. En la infancia insatisfecha de todo espectador adulto hay nostalgia de crimen. El asesino de caballos de *Vidas rebeldes* o el de búfalos y hombres de *El último cazador* poseen una antigua sabiduría: el asesinato, como el oro, es terrible porque es escaso.

La civilización —en cuanto estado avanzado de la barbarie— trae consigo la escasez de crimen y enriquece de manera refleja la violencia formal e incluso formalista del western. Este es, probablemente, menos violento en sí mismo que en la conciencia de sus espectadores, precisamente porque en él, la muerte, al estar exenta de prohibición moral como consecuencia de su ritualización, se incorpora a los rincones escondidos de la vida cotidiana, desde los más sagrados a los más rutinarios. En una escena de *Los siete magníficos* (*The Magnificent Seven*, 1960), de John Sturges, dos pistoleros, interpretados por Yul Brynner y Steve McQueen, se encuentran en medio de la calle de un poblado:

McQueen: ¿De dónde viene, forastero?
Brynner: Del Norte. Y usted, ¿adónde va?
McQueen: A la deriva. ¿De qué ciudad viene?
Brynner: De Dodge. ¿Y usted?
McQueen: De Tombstone. ¿Hay tiroteos en Dodge?
Brynner: Los hay. ¿Y en Tombstone?
McQueen: También.
Brynner: En todas partes es lo mismo. Se trata solo de saber disparar. Nada importante.

El western está lleno de encuentros sin norte. En *El forastero* (*The Westerner*, 1940), de William Wyler, el famoso juez Roy Bean (Walter Brennan) encuentra al pistolero errante Cole Hardin (Gary Cooper):

Walter Brennan: ¿De dónde viene, forastero?
Gary Cooper: De ningún sitio en particular.
Brennan: ¿Y adónde se dirige?
Cooper: A ningún sitio en particular. Todos los sitios son buenos para pasar de largo.

Y, en *Las aventuras de Jeremiah Johnson* (*Jeremiah Johnson*, 1972), de Sidney Pollack, en la que Robert Redford interpreta a un legendario trampero solitario:

Jeremiah: ¿Adónde vas, Ben?
Ben: Al mismo sitio que tú, Jeremiah: no lo sé.

En los altos de un vasto itinerario que no tiene lugar de salida ni de entrada, los hombres del camino beben, hablan, duermen, comen y matan. El contenido del homicidio no genera culpa, porque se agota en su forma. Y es la forma de matar lo que fascina, no la muerte como tal. Todo punto culminante de un western lo constituye, tras una tensa traslación escénica, un homicidio legislado, un duelo. Randolph Scott (Coby) *caza* de espaldas al pistolero que interpreta Claude Atkins (Lane), que a su vez le persigue para matarle. Estamos otra vez en los escenarios de la película *Estación Comanche*:

SCOTT: ¡No te vuelvas, Lane! ¡Tira el rifle!

ATKINS: ¿Recuerdas, Coby, que te dije que tenía un plan para ti?

SCOTT: Lo recuerdo.

ATKINS: Todavía lo tengo.

SCOTT: ¡Te he dicho que no te vuelvas, Lane!

ATKINS: Me volveré, Coby. Dispararé contra ti, te mataré, te quitaré la mujer y el dinero será todo para mí.

SCOTT: No lo hagas, Lane. Tendré que matarte.

ATKINS: Es estúpido. *(Se vuelve. Scott dispara y Atkins cae.)*

SCOTT: ¿Qué es estúpido, Lane?

ATKINS: Morir así. *(Muere.)*

En el cine del Oeste, todo duelo posee una rígida estructura ceremonial e incluso con mucha frecuencia ceremoniosa, y esto vuelve a acercarlo de nuevo a las mitologías románticas más profundas. En el filme *En nombre de la ley* (*Lawman*), un western de escasa entidad realizado por Michael Winner en el año 1971, Robert Ryan le dice a Burt Lancaster:

RYAN: Su muerte me quitaría problemas, Maddox, pero no soporto que disparen a nadie por la espalda.

LANCASTER: Jamás desenfundé el primero. Sin las reglas uno no es nadie.

O, en *Johnny Guitar*:

JOHNNY GUITAR: ¿Serías capaz de dispararme por la espalda?

DANCING KID: ¿Delante de Vienna? Ella no me perdonaría nunca una falta de educación como esa.

La muerte de la banda de cuatreros Clanton a manos del *sheriff* Wyatt Earp, su hermano Virgil Earp y John *Doc* Hollyday en *Pasión de los fuertes* (*My Darling Clementine*, 1946), de John Ford; la del tahúr a sueldo que interpreta Anthony Quinn a manos de Joel McCrea en *Unión Pacífico* (*Union Pacific*, 1939), de Cecil B. DeMille; la de Elisha Cook a manos de Jack Palance y la de este a manos de Alan Ladd en *Raíces profundas*; son instantes elegidos en una interminable cadena de ellos que pone de manifiesto la supremacía del signo de la muerte en el vocabulario de estos poemas vitalistas. Así se desvela desde otro ángulo la engañosa inocencia del western: los filmes que lo conforman son capaces de representar el mal como realidad bella. De esta manera, la coartada de la pureza y la elementalidad del discurso de estos relatos cinematográficos se desvanecen detrás de las sombras mortales de la hermosura que crean. La mujer, el indio, la tierra, adjetivadas por la diabólica sustantivación del varón, contemplan desde el fondo de su incomodidad cómo el homicidio es elevado, por carecer de contenido mortal, a la condición de acto hermoso, ejemplar e incluso estimulante. En *El forastero*, el famoso juez Roy Bean, personaje protagonista de muchos westerns y que aquí interpreta Walter Brennan, juzga y sentencia así:

JUEZ BEAN: Se te acusa, muchacho, del peor de los crímenes, matar a un novillo.

ACUSADO: Le juro, juez, que apuntaba a un hombre, pero fallé el tiro y le di sin querer al novillo.

JUEZ BEAN: Mala suerte, amigo. Que Dios te acoja en su seno. ¡Ahorcadle!

El ganadero y patriarca Burl Ives, en *Horizontes de grandeza* (*The Big Country*, 1958), también de Wyler, interroga a sus hijos:

BURL IVES: ¿Que os han espantado el ganado? ¿Y seguís vivos? ¿No sabéis que una vaca vale más que todos vosotros?

El ganadero Glenn Ford monta en cólera al ver que el hombre que acaba de contratar es Brian Donlevy, un viejo pistolero conocido suyo. Estamos en una escena de *Cowboy*, realizada por Delmer Daves en 1958:

GLENN FORD: ¡Pedí un vaquero, no un pistolero!

BRIAN DONLEVY: Ahora soy vaquero. Prefiero el ganado a los hombres.

En *Dos cabalgan juntos*, de Ford, el comandante del fuerte que interpreta John McIntire pregunta al *sheriff* McKey, encarnado por James Stewart:

JOHN MCINTIRE: ¿No va a ayudarles, McKey? Esos colonos le

están esperando como a un Moisés en el desierto, un Moisés que libere a sus hijos del cautiverio comanche.

JAMES STEWART: Pues si quieren un Moisés les costará quinientos dólares por barba.

JOHN MCINTIRE: ¿Así valora usted siempre la vida humana, *sheriff*?

JAMES STEWART: No siempre, mi coronel. Depende de cómo esté el mercado.

Pero si en el western la vida es un simple valor de cambio y el precio de la muerte lo fija el mercado, morir es por fuerza un acto sin contenido, del que solo importa la fascinación de su formulación visual. La muerte es una pura forma y, en concreto, una pura forma cinematográfica. Walter Brennan, el viejo buscador de oro de *Tierras lejanas* pregunta a su amigo James Stewart, que acaba de abatir de un balazo a un pistolero desconocido:

> WALTER BRENNAN: ¿Por qué no vas?
> JAMES STEWART: ¿Adónde?
> WALTER BRENNAN: A ver quién es.
> JAMES STEWART: ¿Para qué?

En *Lanza rota* (*Broken Lance*, 1954), de Edward Dmytryk, el fiscal pregunta al amargo patriarca Spencer Tracy:

> FISCAL: ¿Sabe usted quién es Ramírez?
> SPENCER TRACY: No.
> FISCAL: ¿No recuerda al hombre que mandó ahorcar?
> SPENCER TRACY: No le pregunté cómo se llamaba.

Dos pistoleros disparan simultáneamente sobre otros dos, que están en el lado contrario de la calle. John Wayne y Kirk Douglas intepretan a los homicidas. Estamos en *Ataque al carro blindado* (*The War Wagon*, 1967), de Burt Kennedy:

> KIRK DOUGLAS: Lo siento, Jackson, el mío cayó primero.
>
> JOHN WAYNE: Lamento contradecirte, Lomax. El tuyo cayó primero porque el mío era más alto.

En *Quiero a este hombre* (*Honky Tonk*, 1941), de Jack Conway, Clark Gable es un pícaro jugador de ventaja que ha de vérselas con la cara hosca de un *sheriff* que quiere hacer méritos, acodado frente a él en la barra del *saloon*:

> CLARK GABLE: ¿Quiere, *sheriff*, que juguemos a un nuevo juego?
>
> «SHERIFF»: ¿Cómo se llama?
>
> CLARK GABLE: Ruleta rusa.
>
> «SHERIFF»: ¿Cómo se juega?
>
> CLARK GABLE: Uno de los dos se mata.
>
> «SHERIFF»: ¿Y el otro?
>
> CLARK GABLE: El otro se ríe.
>
> «SHERIFF»: Juego. Me gusta reír.

En *El sheriff de Dodge City* (*Gunfight at Dodge City*, 1958), de Joseph M. Newman, Bat Masterson (Joel McCrea) ve a un muchacho con un revólver en la mano:

> MASTERSON: Deja ese revólver, chico. Usa el rifle: sirve para matar búfalos. Lo que se mata con un 45 tiene menos valor.

En *Los profesionales* (*The Professionals*, 1966), realizada por Richard Brooks, el pistolero Lee Marvin contrata al pistolero Burt Lancaster:

LEE MARVIN: Tengo un trabajo para ti. No perderás los pantalones, aunque sí tal vez la vida. Pero eso ¿qué importa?

En *El último tren de Gun Hill* (*Last Train from Gun Hill*, 1959), de John Sturges, el *sheriff* que interpreta Kirk Douglas llega a un villorio para atrapar al hijo de un cacique que ha violado y asesinado a su mujer, una muchacha india. Douglas se acerca al cantinero del poblado:

KIRK DOUGLAS: Busco a Rick Belden. ¿Le conoces?

CANTINERO: No. Tal vez se ha equivocado usted de ciudad.

KIRK DOUGLAS: No me he equivocado de ciudad, sino de informador.

CANTINERO: Aquí todos somos iguales, *sheriff*.

KIRK DOUGLAS: En ese caso será un alivio suprimir a unos cuantos.

CANTINERO: Yo no le diría a usted dónde está Rick Belden ni aunque estuviera a su espalda.

KIRK DOUGLAS: Ya veo que Belden tiene buenos amigos aquí.

CANTINERO: Los tiene.

KIRK DOUGLAS: ¿Y ningún enemigo?

CANTINERO: Sí, muchos.

KIRK DOUGLAS: ¿Dónde están?

CANTINERO: A las afueras del pueblo, en el cementerio.

En estas lacónicas muestras, elegidas entre millares, se esconde una refinada sabiduría acerca de la muerte cinematográfica. Reconocer o no el rostro o el nombre de un hombre abatido no tiene sentido, ni objeto y, por consiguiente, carece de lógica cinematográfica; es decir, de encuadre. Se le ve caer y esto basta: ahí acaba su interés fílmico. La muerte en el western tiene siempre existencia capturada en planos generales, solo raramente en planos medios y, muy raramente, en primeros planos; no es un suceso aislable del cerco del escenario en que tiene lugar ya que pertenece a una totalidad de la que es inseparable. Observar la cara de un asesinado no es un asunto relativo al western. Dice Bernard Dort: «El western no admite la realidad de la muerte. Los duelos y asesinatos, cuando no son matanzas colectivas, no nos ponen en presencia de la muerte. Los hombres caen, pero lo mismo si es en plano general que en detalle, no mueren. Las muertes no sirven más que para subrayar la enormidad de la empresa. La muerte no existe como realidad fisiológica».

Es legendario el encuentro entre el senador que interpreta John Carradine y el periodista que encarna Edmond O'Brien al final de *El hombre que mató a Liberty Valance* (*The Man Who Shot Liberty Valance*, 1962), de John Ford:

> JOHN CARRADINE: ¿Acaso considera usted que para representar a este territorio es un mérito haber matado a un hombre?
>
> EDMOND O'BRIEN: ¿Desde cuándo es matar a un hombre matar a Liberty Valance?

En *El último pistolero* (*The Shootist*), que Donald Siegel realizó en 1978, el personaje J. B. Brooks (John Wayne) mantiene esta idílica conversación con un moribundo que ha caído abatido por un balazo en medio de una planicie despoblada:

> PISTOLERO: *(Moribundo.)* No pensarás dejarme morir aquí, Brooks...
>
> JOHN WAYNE: Por supuesto que sí.
>
> PISTOLERO: Eres un asesino.

JOHN WAYNE: No recuerdo haber matado a nadie que no lo mereciera.

El plano medio que en *Pasión de los fuertes*, otro de sus grandes westerns, John Ford dedica a John *Doc* Hollyday (Victor Mature) cuando cae abatido en el legendario tiroteo del O. K. Corral de Tombstone, durante el arreglo de cuentas entre el clan de los Earp y el de los Clanton; el que Howard Hawks dedica al pistolero Nelse MacLeod (Christopher George) cuando cae abatido por Cole Thornton (John Wayne) en *Eldorado*, o el que Nicholas Ray dedica al agonizante Tom (John Carradine) en *Johnny Guitar*, son de esa clase de excepciones que apuntalan la norma. Christopher George muere distante, con frialdad profesional, mientras reconoce que Thornton-Wayne no le ha dejado opción por su mayor rapidez; Mature desaparece por la parte inferior del plano, como si se sumergiera, y deja que el paisaje que hay a sus espaldas ocupe su puesto en la pantalla, sin un gesto. Es la muerte de una estatua, un signo humano esculpido en nube y roca, de la misma índole que la muerte elíptica del personaje Hatfield, que interpreta John Carradine, en *La diligencia*, de John Ford (*The Stagecoach*, 1939): aquí es su elegante mano, agarrada a un revólver, la que cae en el mismo abismo inferior del plano que la captura y que no enjuicia moral o psicológicamente el suceso, sino que lo enuncia como tal suceso, como cierre de un acorde. Y si el mismo Carradine en *Johnny Guitar* muestra de cerca a la cámara su rostro no es para ofrecer el contenido de su muerte, sino para sellar armónicamente el de su vida: Carradine sonríe feliz porque otros le observan y este pobre diablo se siente centro de un suceso, en lugar de eterno espectador de los actos ajenos:

CARRADINE: *(Apuntando con su revólver a los linchadores.)* ¡Podéis llevaros a Turkey. ¡Pero no se os ocurra tocar a Vienna!

MCIVERS: ¡Tira ese revólver, Tom!

CARRADINE: No, mientras uno solo de vosotros siga aquí dentro. *(Emma desenfunda y dispara sobre Tom, hiriéndole mortalmente.)*

VIENNA: *(Inclinándose dolorosamente sobre Tom.)* ¿Por qué lo has hecho, Tom?

CARRADINE: Tú habrías hecho lo mismo por mí. Fíjate: todos me miran. ¡Es la primera vez que soy importante! *(Muere.)*

La propia víctima despoja a su muerte de contenido y acepta la ley de su forma. Fascina en el homicida del western su desprecio por la vida, mezclado con su escrupuloso respeto por las formas codificadas para suprimirla. Matar no es indigno; indigno es matar por la espalda. En un mundo que ha consumido incontables cuerpos filosóficos destinados a descifrar el contenido de la muerte, este vaciamiento es un saludable acto de burla y la muerte, así despojada, es devuelta a su reducto ceremonial trágico, perdido en el laberinto de los orígenes del teatro, donde era aceptada de antemano por sus elegidos. El western, más que una bastarda épica del pasado, es una misteriosa, oculta y genuina tragedia del presente.

En un ensayo de 1964, *Las aventuras de la tragedia*, el filósofo francés André Gluksmann afirma que «la grandeza del western [procede de que sus héroes viven] el instante que sus decisiones responden a la escisión de la historia, [ese instante] en que, con la limpieza de un experimento de laboratorio, una civilización pone a prueba sus fundamentos: el instante de la instauración de la ley. Esta misma era la situación de la tragedia griega: una vez que ha acabado la conquista y Agamenón ha vuelto, se trata de que la ley política, representada por Orestes y los dioses apolíneos, triunfe sobre los antiguos lazos de sangre hechos furor y violencia, que representan Clitemnestra y las hijas de la noche. El coro antiguo, con sus terrores y su sabiduría pasiva, representa, como los ciudadanos del Oeste, una colectividad capaz de aprovecharse de las leyes, pero no de implantarlas: una colectividad épica que se ha convertido en conciencia espectadora de sus héroes. Entonces, como en *Edipo Rey*, la máquina infernal se pone en marcha y el avance épico se invierte en movimiento trágico».

El lugar poético del western es el instante oscuro, trágico y compulsivo de donde procedemos los hombres de hoy, el instante exacto de nuestro parto histórico. En el filme *Young Billy, Young*, realizado en 1969 por Burt Kennedy, el nuevo *sheriff* Ben Kane (Robert Mitchum) llega al poblado para hacerse cargo del orden y recibe a John Beham, alcalde de la localidad:

> John Beham: Esta ciudad no está preparada para la ley, *sheriff*.
> Ben Kane: Le doy de plazo hasta el amanecer para prepararse.

2

Pecado original

«Desde que los norteamericanos descubrieron que es más cómodo contemplar dónde han estado que pensar hacia dónde caminan, su mentalidad ha ido evolucionando progresivamente hacia la pasividad. El desarrollo de la mentalidad retrospectiva y nostálgica de la política norteamericana coincide con la debilitación de su fe tradicional.»

Cuando, hace un par de décadas, Richard Hofstadter escribió lo que antecede en su libro *La tradición política norteamericana*, jugó con el riesgo de una hipótesis, con la interpretación de unos indicios, pero hoy tal riesgo ya no existe pues la hipótesis se ha convertido en evidencia, ya que el paso del tiempo ha soldado esa idea con acontecimientos insistentes, que no han hecho otra cosa que confirmarla e incluso imprimir en ella una radicalidad que no tenía cuando fue formulada. De ahí que baste una mirada sobre la superficie de la producción cinematográfica actual en Estados Unidos —que es, puesto que se gesta en una sociedad conservadora, un fiel reflejo de la demanda social que la provoca— para observar hasta qué punto ha crecido en ella, hasta ofrecer síntomas patológicos, la oferta cinematográfica de nostalgia, y cómo esta nostalgia es, al mismo tiempo, causa y consecuencia de la elevación de la temperatura nacionalista.

El western surgió, y se desarrolló como género cinematográfico, en el interior de la «mentalidad retrospectiva y nostálgica» de que habló Hofstadter, pero su presencia allí obtiene calidades de paradoja, porque la elevación de la temperatura patriótica norteamericana —incluso si es tan fortísima como la de hoy— no siempre coincide con una nueva edad dorada de este género nostálgico, sino que, por el contrario, hay veces que coincide con síntomas de su agotamiento, al menos en lo que concierne al cine del Oeste tradicional. La paradoja, sin embargo, es aparente porque en realidad, salvo en los períodos coincidentes con las dos guerras mundiales, el empleo del cine del Oeste como instrumento de enganche nostálgico o como carnaza para el reclutamiento en las filas de las ideologías nacionalistas ha resultado siempre un arma de doble filo, pues por un lado es cierto que el western estimula algunos rincones dormidos de la «mentalidad retrospectiva» y del calor nacionalista estadounidense, pero, por otro lado, también es cierto que introduce en ellos un elemento perturbador, una especie, difícil de aislar, de agrio desencanto respecto del recorrido emocional de aquella nostalgia y de ese calor.

Así describe Jack Kerouac, en su obra *En el camino*, el impulso nostálgico hacia la llamada —ya extinguida pero de la que aún resuenan ecos en la conciencia dormida— del Oeste: «Era aquel hombre un tipo épico y viajero, que cruzaba todos los años los Estados Unidos en varios sentidos, únicamente porque no tenía dónde ir, como no fuera a todas partes, únicamente porque tenía que mantenerse en movimiento bajo las estrellas, generalmente las estrellas del Oeste». Este hombre errante le pregunta a Kerouac: «¿Va usted a algún sitio, o simplemente va, muchacho?».

«No entendí la pregunta», añade el profeta de la generación *beat*, «aunque era una pregunta excelente». Y en otro rincón del libro: «Miré hacia el techo lleno de grietas y realmente no supe quién era yo durante unos quince segundos; simplemente era otro, un desconocido, y toda mi vida era una vida de aparecido, una vida fantasmal. Estaba a mitad de camino a través de los Estados Unidos, en la línea divisoria del Este de mi juventud y el Oeste de mi futuro, y tal vez fue solo eso lo que sucedió allí, en aquel rojizo atardecer... Más allá de la calle iluminada, estaba la oscuridad, y más allá de la oscuridad, el Oeste. Tenía que ir».

No es un labriego de mediados del pasado siglo, un campesino sin tierra, hambriento y sediento de propiedad, quien dejó este testimonio de indecible melancolía, sino un joven escritor cosmopolita del ecuador de este siglo, que sintió, sin llegar nunca a descifrar cuál era su origen, un vértigo de nostalgia cuando descubrió que se encontraba en medio de la encrucijada de las viejas rutas, ya sumergidas bajo el polvo de la Historia, del mito del Lejano Oeste: el mismo hombre que, escapado del tortuoso sueño de Herman Melville, «camina atormentado por el perenne prurito de las cosas remotas». Tanta es la intensidad con que la nostalgia conmueve los últimos ecos de la antigua llamada de las praderas que, como si estuviera tejido por una araña loca, el recuerdo contemporáneo de la vieja riada hacia el Oeste adquiere formas alucinatorias y frenéticos ritmos oníricos.

La locura contenida por esa pulsión nostálgica se origina ante todo en la conciencia de su inutilidad, también intuida por el autor de *Moby Dick*: «Ya es tarde para la mayoría de las cosas: el universo está concluido». De esa fuente procede la serena y ennoblecedora demencia del western y la fuente oculta de su condición de pesadilla: el cine del Oeste representa el comienzo de la construcción de un universo ya finalizado, con las rutas borradas, sin lugares de partida o de llegada, ni zonas intermedias de reposo; un lugar abstracto, sin cualidades, casi inexistente, también a la manera de Melville cuando murmuró, acosado por la misma nostalgia que asaltó a Kerouac un siglo después en el ombligo mismo del Continente, que «los únicos lugares reales son aquellos que no están en ningún mapa». Un achulado pistolero (Rod Cameron) llega a la cantina de un villorio en *La dama de la frontera.* El pistolero se acerca al cantinero y le pide un vaso de whisky. El cantinero indaga:

> Cantinero: ¿Qué busca por aquí, forastero?
> Rod Cameron: Nada, forastero.
> Cantinero: Yo no soy forastero.
> Rod Cameron: Para mí, sí.
> Cantinero: ¿De dónde viene?
> Rod Cameron: Lo he olvidado.
> Cantinero: ¿Adónde va?
> Rod Cameron: Quién sabe.
> Cantinero: Un bonito lugar. Lo conozco.
> Rod Cameron: Yo todavía no, paisano.

Aunque contiene en su largo curso elementos germinales de otros géneros, el primer gran western de la historia se halla en la monumental obra *El nacimiento de una nación* (*The Birth of a Nation*), película con la que David Wark Griffith inventó el cine, tal y como hoy lo conocemos, en el año 1914. En el interior de esta obra fundacional hay incrustada, sin mucho recato, una alegoría política de signo nacionalista próxima a la indecencia, pero esta alegoría no impide que el resultado artístico final de la obra desborde, e incluso desmienta en buena parte, la intencionalidad ideológica de sus autores cuando concibieron y realizaron el filme. Este tipo de inconsecuencia —un esquema conservador que inesperadamente gira sobre sí mismo y acaba convirtiéndose en lo contrario— es bastante frecuente en la historia del western, ya que en ella abundan los filmes que fueron realizados por la presión de las demandas ideológicas del nacionalismo e incluso del localismo norteamericano, pero que, reordenados por el vigor expresivo de las leyes del género, adquieren un inesperado alcance universal, que pone a la película de espaldas a aquella estrecha demanda inicial que la originó. No es raro, por ello, encontrar westerns —un ejemplo químicamente puro es *Fort Apache* (1948), de John Ford— en los que la retórica patriótica se produce sobre una enérgica expresión visual de personajes, sucesos y caracteres diametralmente opuestos a la orientación ideológica de esa retórica, lo que sitúa a insignificantes fetiches locales en los bordes de la universalidad. Un ejemplo, entre muchos, de este fenómeno de inversión de signos lo encontramos en la única incursión dentro de la cosmogonía del Oeste hecha por Elia Kazan a través de su película *Mar de hierba* (*The Sea of Grass*, 1947). Hay una escena de este filme en la que Spencer Tracy, acompañado por su mujer, Katharine Hepburn, evoca —como si se hablara a sí mismo en voz alta, desde el promontorio de una colina— los misterios germinales del inmenso mar de hierba y de tierra que se extiende a sus pies:

> SPENCER TRACY: ¿Oyes la pradera? Es más que el rumor del viento. Oigo al búfalo. No importa que ya no los haya. Oigo también a los indios, aunque se los hayan llevado a la reserva. Cuando llegamos aquí nadie amaba estos sitios, salvo los búfalos, los indios y los antílopes. Pero nosotros nos quedamos. Regamos la tierra con

nuestra sangre y la de los indios. Mi hermano está enterrado ahí, en alguna parte. Entonces supe que Dios quería que la pradera siguiera intacta. Por eso no permitiré que ningún granjero venga a cultivarla.

Estamos —en palabras que moldea como barro la voz profunda del actor— ante una búsqueda de la documentación teológica del origen de la propiedad rural en el catastro sin escrituras del Lejano Oeste; un susurro que es muy frecuente oír en los sutiles pliegues del verbo *westerniano*. En esta conmovida evocación de sus raíces, Spencer Tracy rompe también el cerco localista y tañe una cuerda de la música del universo: la tierra convertida en templo; su posesión hecha mandato de la Divinidad; la sangre vertida sobre el polvo, como supremo título de posesión y dominio de esa tierra; la conservación de la virginidad de las praderas, como mantenimiento de una forma de espíritu amenazada de extinción por la pezuña de la civilización; es decir: la patria, la verdadera patria del ser humano, considerada como el oscuro y sereno latido de su conciencia de las raíces y no como una vulgar nación.

Otro caso muy conocido es el de la imagen que Raoul Walsh ofreció en *Murieron con las botas puestas* (*They Died With Their Boots On*, 1941) del célebre general George Armstrong Custer. Hoy no hay dudas, ni siquiera entre sus admiradores, de que este individuo fue un impetuoso y alocado genocida que, de haber vivido cuando se realizó el filme de Walsh, durante la Segunda Guerra Mundial, podría haber acabado su sanguinaria carrera sentado en el banquillo destinado en Nuremberg a los criminales de guerra. La imagen noble que Raoul Walsh ofreció del innoble Custer obedeció dócilmente a la demanda, generalizada en aquellos años, de exaltaciones nacionalistas, por muy traídas por los pelos que fueran, pero esta burda falsificación histórica, tal como quedó finalmente materializada en el filme, fue elevada hasta tal punto por la perfección de este, que la mentira histórica de origen acabó convirtiéndose en una verdad estética final. Y, de esta manera, una angosta impostura ideológica nacionalista dio lugar a una ancha contribución del western a la aventura imaginativa universal, que cualquier hombre de cualquier latitud estaría dispuesto a aceptar como propia.

Dijo en cierta ocasión aquel nostálgico humorista irlandés que se llamó John Ford: «Cuando hay que optar entre la verdad histórica y el mito, yo me quedo con el mito». En la historia reciente de los Estados Unidos, el cine del Oeste ocupa un hueco en la memoria colectiva similar al que las sagas y sus cristalizaciones épicas ocuparon en la vida cotidiana de los pueblos primitivos en su búsqueda de asentamiento definitivo, pero con una diferencia sustancial: una epopeya, en el marco de un pueblo que se siente destinatario de ella, hace siempre referencia a un pasado lejano, incluso remoto, mientras que en el western esa epopeya se convierte en una mirada «retrospectiva y nostálgica» a un pasado tan cercano, que en parte sobrevive como un ingrediente subterráneo del presente. De ahí procede un raro desequilibrio que marca por entero la evolución de este género: el cine del Oeste nace y crece como exaltación del nacimiento de una nación que no se siente totalmente nacida.

Una enrarecida atmósfera envuelve por ello a muchas de estas obras que nos sitúan ante una sorprendente nostalgia del presente, cuya manifestación más explícita la conforman las frecuentes reiteraciones del esquema del ritual genérico sobre fondos argumentales y escenarios del ayer inmediato, del hoy e incluso del mañana. Desde *El último hurra* (*The Last Hurrah*, 1958), de John Ford, y

Vidas rebeldes, de John Huston, a *La huida* (*The Gateway*, 1972), *Junior Bonner* (1972) y *Convoy* (1978), de Sam Peckinpah, pasando por *Los valientes andan solos* (*Lonely Are the Brave*, 1962), de David Miller, *Bus Stop* (1956), de Joshua Logan, *Driver* (*The Driver*, 1978), *Límite: 48 horas* (*48 Hours*, 1978) y *La presa* (*Southern Comfort*, 1981), de Walter Hill, *La ley de la calle* (*Rumble Fish*, 1983) y *Apocalypse Now* (1979) de Francis Ford Coppola, *Bonnie y Clyde* (*Bonnie and Clyde*, 1967), de Arthur Penn, *Dillinger* (1973), de John Millius, *El diablo sobre ruedas* (*Duel*, 1971), de Steven Spielberg, *Easy Rider* (1969) de Dennis Hopper, e incluso —entre otras muchas— *La guerra de las galaxias* (*Star Wars*, 1977), de George Lucas, el western sobrevive hoy en otros ámbitos y en otras edades. Y esto es así a causa de una sutilísima mutación del antiguo modelo ritualizado en un modelo lingüístico trasvasable a otros espacios escénicos distintos de los históricos y tradicionales que lo provocaron y de los que nació. De esta peculiaridad procede el hecho de que el western lleve dentro de sí la fuente de su, hasta ahora, inagotable fertilidad: ya no se hacen apenas películas cuyo argumento discurra en la escena y el tiempo del Oeste, pero en las acuñaciones de la que un día fue su moneda corriente, el reverso de sus hallazgos dramáticos, narrativos y poéticos es fácilmente reconocible en muchos filmes de ahora, realizados sobre otras escenas y que discurren sobre otros tiempos, *más allá* del Oeste.

En 1932, el presidente de los Estados Unidos, Franklin Delano Roosevelt, pronunció un famoso discurso, en el que expuso, en medio de la más grande marea negra padecida en la vida norteamericana contemporánea, algunas de las causas que desencadenaron la Gran Depresión de 1929. Una de ellas, la que aquí nos concierne, hace alusión al desfase nostálgico a que se refiere Hofstadter: «Hace ya tiempo —dijo Roosevelt— que alcanzamos la última frontera. Ya no existe aquella válvula de seguridad para los desahuciados por la maquinaria política del Este, los cuales podían lanzarse a la conquista de las praderas del Oeste para rehacer en ellas una nueva vida». De otra manera: ya no contamos con los servicios sanitarios de una frontera móvil, capaz de absorber la sangre podrida sobrante de la civilización industrial; pero nos queda de ella la nostalgia —padecida incluso por los no nostálgicos, como el propio Franklin Delano Roosevelt— de su función valvular. Los Estados Unidos, un continente productor de muchos desperdicios, cegaron su mejor pozo negro y ahora, unas veces con susurros y otras a gritos, lo añora.

El western es la suprema manifestación de esta añoranza y su sesgo impuro hay que buscarlo en la naturaleza de su objetivo, pues se trata de la nostalgia de un estercolero; esa que, como antes vimos, expresó de manera tan sardónica, dura y amarga el vagabundo que Lee Marvin encarna en *El emperador del norte*:

> LEE MARVIN: Hubo un tiempo en que los estercoleros eran acogedores, pero ahora la basura de este país se ha convertido en una porquería.

De ahí que el cine del Oeste ilumine cegadoramente un rincón oscuro de la vida contemporánea en los Estados Unidos, en el que existe, como corriente oculta, la rememoración de un mal concebido como bien. El Oeste, la válvula de seguridad *rooseveltiana* —o, si se quiere, el basurero de la Historia—, adquiere la función, visto desde los ojos del Este, de una garantía subterránea de estabilidad y de crecimiento armonioso, pero vista desde su propia geografía sumergida, esta hermosa garantía fue en realidad un asunto feo, sangriento e incluso cruel. La pradera es siempre el luminoso escenario de un drama genocida, sombrío y bestial. «Nada queda ya del Gran Nuevo Mundo Americano, salvo el recuerdo del indio», dijo el poeta William Carlos Williams. Eso, tan solo eso, es el indio aborigen en su tumba innumerable, dentro del cementerio de la dolorida memoria del western: un recuerdo. Bernard DeVoto apretó todavía más el nudo del silencio del indio cuando esculpió este dolorido remordimiento: «Una aterradora porción de nuestra Historia se ha escrito sin tener en cuenta a los indios, como si se hubiera desarrollado únicamente en función de la cultura blanca».

Mucho antes de que fuera llorada por Bernard DeVoto, la pulsión genocida se escapa por multitud de grietas que cuartean los muros del olvido histórico a que se le ha sometido. Henry David Thoreau, en su *Walden o la vida en los bosques*, casi en tiempo paralelo al del gran exterminio de los aborígenes del Gran Nuevo Mundo, escribió con la misma tinta avergonzada que empleó DeVoto: «El historiador, usando su pluma como el trampero usa su fusil disparando contra el indio como si este fuera una bestia salvaje, demuestra una inhumanidad semejante (a la suya)». Un apasionado periodista, interpretado por Edmond O'Brien, aclara las ideas sobre este escabroso asunto a un obtuso político. Estamos flotando en la nube de melancolía que invade la escena de *El hombre que mató a Liberty Valance*:

> EDMOND O'BRIEN: Esto es el Oeste, señor Ramsom, y aquí, cuando los hechos se convierten en leyenda, no es bueno imprimirlos.

Frederick W. Turner, el primer gran historiador de la Frontera, observó sobre el terreno a los indios apaches chiricahuas en sus reservas de Nuevo México y dijo, con horror, de ellos: «Son convertidos en caricaturas del hombre blanco», al tener que remedar su vida sin poder compartir su cultura. Al genocidio físico siguió así el genocidio histórico; a este, el moral, y a este, el cultural. Una vez borrados de la vida —en números rojos, se habla a media voz de que el 65 por ciento de la población aborigen murió aplastada por la riada hacia el Oeste— los *pieles rojas* fueron borrados de la Historia y, una vez fuera de ella, pisoteada su voz, su obra y su respuesta a las eternas incógnitas de la Naturaleza. No hay en los abarrotados anales del asesinato de pueblos una fechoría mejor acabada ni, probablemente, más exhaustiva. Alexis de Tocqueville, en su libro *De la democracia en América*, dejó escrito: «Los españoles, con monstruosidades sin igual, cubriéndose de imborrable vergüenza, no lograron exterminar a la raza india, ni lograron impedir incluso que participara de sus derechos; pero los americanos de los Estados Unidos alcanzaron este doble resultado (exterminio y negación de derechos a los pocos supervivientes) con maravillosa facilidad, tranquilamente, legalmente, filantrópicamente, sin cubrirse de sangre, sin violar ni uno solo de los grandes principios de la moral ante los ojos del mundo. Es imposible destruir a más hombres respetando mejor las leyes de la humanidad». El exterminio del indio norteamericano fue un crimen calculado, *limpio*, gradual, sin cabos sueltos, de proporciones inimaginables, literalmente abominable, y, por ese su silencio histórico llorado por Thoreau, cómplice de este horror fue la propia historia de los Estados Unidos, al ser escrita solo por los hombres blancos. Las anchas espaldas del western, en cuanto que leyenda, en cuanto que culto y rito extraídos de la médula de ese inabarcable crimen, se resienten del fardo que pesa sobre ellas.

Volvamos ahora la mirada a aquellas grietas por las que vimos escaparse en el aire de las deslumbradas llanuras el hedor de la tierra enrojecida por la sangre aborigen: «Hay que responder a los sioux con agresividad e incluso si es necesario exterminar a hombres, mujeres y niños. Cuantos más matemos este año, menos tendremos que matar el año que viene». Firmó y rubricó esta galante invitación al desastre el ilustre general Philip Sheridan y, frente al balance de los residuos de un siglo, no hay duda de que su sugerencia fue obedecida al pie de la letra. Y menos dudas deja si se considera que estaba apoyada en la inclinación necrófila de otro ilustre general del ejército azul, William Sherman, cuya afinada vista le permitió un mal día sentenciar, para así engrosar con esta incomparable joya los museos del horror: «Solo conozco un indio bueno: el indio muerto». El western recogió para sí la salvaje cadencia de estos tesoros dialécticos de la civilización —nuevamente convertida en estado avanzado de la barbarie— y los incorporó a su inimitable lenguaje. En *El último cazador*, de Richard Brooks, el cazador asesino que interpreta Robert Taylor se da a conocer como un excelente discípulo de los dos citados genocidas profesionales:

> ROBERT TAYLOR: Para los indios, robar caballos no es pecado. No son como nosotros. Los indios son solo animales. Por eso se les puede cazar.

No es ningún tipo estrafalario el que interpreta Robert Taylor en este ácido y notable filme. ¿Cómo podría serlo en cuanto punta de lanza de un mundo invasor cuyos teólogos —desde las mismas sombras del Descubrimiento— investigaban —como los medievales si los ángeles tienen o no tienen sexo— la existencia o la no existencia de alma en el cuerpo cobrizo de un hombre indio? No hay por qué sorprenderse, por consiguiente, de que se produzca una réplica, como la que sigue, en una escena de la película *Los siete magníficos*:

> FORASTERO: ¿Desde cuándo no dejan aquí enterrar a los indios en el cementerio?
>
> ENTERRADOR: Desde que el pueblo se civilizó.

¿Por qué enterrar a un animal desprovisto de alma en un cementerio de almas blancas? En *Seminola*, una película realizada por Budd Boetticher en el año 1953, Richard Carlson —que encarna en ella a un fanático militar genocida, el mayor Degan, que fue uno de los encargados de la captura, dispersión y exterminio de las tribus indígenas del territorio de Florida— reflexiona con este alarde de sentido común profesional:

> RICHARD CARLSON: Por fin me han enviado a un hombre que conoce lo suficiente a los seminolas. ¡Ahora se trata de saber si también los odia lo suficiente!

Y ese otro instante en que, detrás de la inquietante máscara de sus viruelas, Richard Boone se escandaliza en *Río Conchos* —Gordon Douglas, 1964— de esta manera:

> RICHARD BOONE: *(Con extrañeza.)* ¿Desde cuándo los cinturones azules prohíben cazar apaches?

Y también cuando, en *Buffalo Bill* (*The Plainsman*, 1936), de Cecil B. DeMille, un jefe indio exclama:

> JEFE INDIO: ¡Nos llena de vergüenza que nos maten de hambre! ¡Queremos morir de mejor manera!

Fue esta terrible frase —cuyos ecos resuenan en los polvorientos rincones del teatro del western— el preludio de un suicidio colectivo, en el que un puñado de hombres dignos eligieron la muerte a tiros antes que dejarse exterminar lentamente por el hambre en sus poblados con las fuentes de abastecimiento cortadas —técnica de exterminio adoptada, en escala urbana, por los organizadores de la encerrona nazi en el gueto de Varsovia un siglo más tarde— en sus huidas del empuje colonizador hacia los confines de sus territorios y en las rutas a las reservas. Como afirma tajantemente ante sus conciudadanos un hombre blanco, el indignado Bill Cody, en el mismo filme:

> BILL CODY: Hay que aniquilar a algunos blancos: los que venden alcohol a los indios.

Más exacto: «alcohol envenenado». Y, más adelante:

> BILL CODY: ¡Señores, he ahí al único indio que ustedes respetan: el que está en sus bolsillos!

Y les arroja a los pies, con desprecio, una moneda de curso legal, con el reverso embellecido por el elegante perfil de un jefe indio con la frente adornada por una diadema de plumas.

Merece la pena extraer del referido discurso de Franklin Delano Roosevelt la idea, implícita en él, de una colisión entre poética y política. En la mentalidad de un político profesional del Este, la epopeya del nacimiento de una nación, por muchos vuelos metafóricos que le otorgara el paso de los años en la imaginación popular, no fue en definitiva más que una operación estratégica de recambio, un simple gesto utilitario. Así, el cine del Oeste, que es parte de la materia con que se hizo el *sueño americano*, coadyuvó a hacer de sí mismo un sueño incómodo, una *pesadilla americana*, para la que parece escrita a propósito este aforismo de Karl Marx: «Las tradiciones de las generaciones muertas oprimen como una pesadilla el cerebro de los vivos». No hay limpieza en el western, porque no la hay en la historia que lo alimenta.

De ahí que el llamado western sucio no sea una invención arbitraria de algunos cineastas agrios e inhóspitos del crepúsculo del género, sino una deducción natural de la evolución de este, globalmente considerada: historia norteamericana y cine norteamericano encuentran por ello un inconfortable lugar de estrecha coincidencia en el western. Jean-Louis Rieupeyrout reúne en su *Gran aventura del western* infinidad de ejemplos que ponen de manifiesto no solo la existencia de esta vinculación, sino su necesidad, pero lo que Rieupeyrout soslaya es que dicha vinculación no condujo, en la evolución política de los Estados Unidos y más tarde en su conversión en género y mito cinematográficos, a un acoplamiento armonioso entre los ingredientes históricos y los ingredientes poéticos, sino que condujo precisamente a todo lo contrario: a un desequilibrio irremediable entre unos y otros. Y es precisamente de las chispas que restallan de esa colisión entre poesía e historia de donde el western extrae el misterio de su energía trágica, su capacidad para designar las cuestiones mayores de la existencia.

De otra manera sería inexplicable, tomando de nuevo un hilo dejado inmediatamente detrás de esta disgresión, la escasa eficacia que el cine del Oeste tiene como estímulo patriótico en los Estados Unidos: la exaltación del nacimiento de una nación resultó ser un susurrante disparo de *boomerang*, amenazador para quienes lo pusieron en movimiento. Este efecto autodestructivo puede tener su origen en el hecho de que, en algunas reglas clásicas del género, intervienen ciertos ingredientes que, precisamente en este terreno, no tienen por menos que parecer inquietantes. Franklin Delano Roosevelt lo dijo indirectamente: el Oeste abierto, campesino e incivil fue una válvula de seguridad para el Este cerrado, industrial y civilizado o, de otra manera, la pradera intacta que oímos cantar a Spencer Tracy en *Mar de hierba*, fue una desquiciada vanguardia feudal para una sociedad capitalista de dura quilla expansiva. El impulsivo y engreído espíritu del capitalismo norteamericano necesitaba dar salida a sus excedentes; o, en otros términos, arrojar sus contradicciones a sus almacenes de desperdicios. Tal vertedero fue el Oeste y su poema, el western, un canto a la erradicación de los posos miserables que se dejaron caer de su gloria. De ahí que el western, en cuanto bastidor donde se ha querido tejer un nuevo Génesis, la epopeya del nacimiento de una patria, transcurra al borde, como de un abismo, de la imagen ingobernable de una patria mal nacida.

Volvamos la mirada a la macabra sinceridad del forajido Boone en *Cabalgada en el desierto*: «Un hombre se interpone entre yo y mi libertad». Su nueva vida sigue los pasos de una lógica de demoledora sencillez, pues hace coincidir la libertad de un hombre con la muerte de otro. Como se dice en *El hombre que mató a Liberty Valance*:

> JAMES STEWART: ¿Acaso no es una carga matar a un hombre y querer construir una vida sobre esta muerte?

Pero si una libertad que nace de la supresión de la vida puede alcanzar, como todo acto terrible, una imagen fascinadora, esta fascinación queda sin remedio atrapada en el western por la tela de araña de un residuo decepcionante. Y es precisamente esta decepción la que hay que adecentar con el baño purificador de la nostalgia de que habla el bisturí de Hofstadter. He aquí lo que —recordemos— el eufórico Edmond O'Brien responde al utilitario John Carradine en el mismo compendio, en *El hombre que mató a Liberty Valance*:

> EDMOND O'BRIEN: ¿Desde cuándo es matar a un hombre matar a Liberty Valance?

De esto proviene que la conquista de los territorios del Oeste, una vez convertida en mito, fuese radiografiada por la retórica elemental y no carente de desvergüenza del otro presidente Roosevelt, Theodore, como un «ensanchamiento del área de libertad». Pero esta optimista coartada, pese a todo lo que tuviera de sincera en el vocabulario de aquel impulsivo político ultranacionalista, encubrió, y en parte sigue encubriendo, disparos como el que masculla en sus adentros el forajido Sam Boone y el que hizo pasar a mejor vida al pistolero Liberty Valance. Sin embargo, estos disparos buscan a un destinatario con rotunda identidad y esto les ennoblece en cuanto signos, si se tiene en cuenta que se producen en medio de otros disparos mucho más numerosos y de mucha peor índole, de los que no hay ninguna imagen fascinadora que extraer porque su destinatario es innombrable e innumerable: los estampidos inaudibles, que se funden y extravían, como una arenilla dentro de un desierto, en la inmensa salva de un genocidio. Nadie expresó de manera más sencilla y estremecedora las colosales dimensiones de este crimen colectivo que una de sus víctimas, el legendario cabecilla de las últimas guerrillas resistentes de los apaches chiricahuas, el jefe Gerónimo, último de una estirpe indomable y pacífica, educada por el genio de Mangus-Colorado y Cochise: «Ya casi hemos desaparecido de la Tierra y, sin embargo, no puedo creer que hayamos sido inútiles».

Uno de esos antepasados de Gerónimo, su maestro, el gran jefe de las tribus apaches unificadas, el chiricahua Mangus-Colorado, un semidiós de su pueblo, acabó sus días de la siguiente manera, narrada por un periodista de la época, L. C. Hughes, en el diario *Star*, de Tucson, Arizona. Nunca, ningún filme del Oeste se atrevió a reproducir, tal vez asustados sus oficiantes por la intromisión del horror en un género que codificó la doblez de la conciencia del norteamericano frente a su recuerdo del indio exterminado, este escalofriante suceso: «A comienzos de 1863, el general West y sus tropas acamparon cerca de Membras. West envió al explorador Jack Swilling en busca de Mangus-Colorado, que había tomado el sendero de la guerra tras el incidente que tuvo Cochise en Bowie. El anciano jefe apache, siempre deseoso de paz, aceptó de buena gana la oferta del general. Cuando llegó al campamento, el general West ordenó que le metieran en el calabozo, que solo tenía un ventanuco arriba. Cuando metieron allí al viejo jefe, exclamó: "¡Ha llegado mi fin! ¡No volveré a cazar en los valles y montañas de mi pueblo!". Presintió que iba a ser asesinado. Dieron órdenes a los centinelas de tirar a matar si intentaba escapar. Mangus-Colorado se tumbó en el suelo e intentó dormir. Durante la noche alguien le lanzó una gran piedra que le dio en el pecho. Al ver su estado de agitación, los soldados pensaron que quería huir y varios de ellos dispararon contra él. Así murió Mangus-Colorado. Un cirujano le decapitó, extrajo su cerebro y lo pesó. La cavidad craneal era mayor que la de Daniel Webster y su cerebro, del mismo peso. Enviaron el cráneo a Washington y allí está expuesto ahora, en el Instituto Smithsonian». Hasta aquí, el relato de Hughes. Las repulsivas circunstancias que rodearon a este asesinato se han ennegrecido con el tiempo, a causa de otras averiguaciones más precisas que las del periodista de Tucson, cuyas fuentes escaparon de las huestes del general West y es probable que endulzaran el suceso. Al parecer, según otras versiones posteriores, Mangus-Colorado no murió, como cuenta Hughes, en el calabozo. Lo sacaron de la mazmorra todavía con vida. Tenía el pecho reventado y no podía caminar. Los soldados azules lo arrastraron hasta una hoguera en la que, después de padecer largas torturas, el anciano patriarca de la nación apache expiró, sin que de sus labios saliese ni un solo gemido. De la omisión de sucesos como este, del elocuente silencio de la historia nunca escrita del indio aborigen, proviene una parte irremediable de la pobreza del western: su inseguridad e incluso su condición estéril, en cuanto resorte de sensibilización patriótica. No es fácil, ciertamente, provocar orgullo mediante el relato de la atrocidad desnuda, de lo abominable.

El malévolo y escéptico cazador de caballos salvajes que Eli Wallach interpreta en *Vidas rebeldes*, un *malo* con las aristas limadas por la lija de su guionista, Arthur Miller, un intelectual esquinado y amigo de los matices, es de los que piensan:

> ELI WALLACH: En todo el mundo hay montañas, y donde hay montañas hay caballos.

A su manera, burlona y parabólica, este sujeto navega sobre una derivación más ancha de la filosofía moral del forajido Boone y, al llevarla a sus últimas consecuencias, se proclama ciudadano de una ciudadanía que le trae por completo sin cuidado. Con solo un imperceptible giro, el western, cosmogonía patriótica, se convierte con endiablada frecuencia en todo lo contrario, en la exaltación del desarraigo —la válvula de seguridad *rooseveltiana* revela así su auténtica condición, ese su doble filo a que hicimos referencia— y, en concreto, un desarraigo interior, una escisión, un desdoblamiento de la conciencia civil.

A esto hay que imputar que, para los estrechos principios del nacionalismo norteamericano, el fondo inquietante del western se origine, como casi todo lo más convincente de las imágenes elaboradas por este género, en un rincón de su larga galería de hombres *malos*. Con molesta frecuencia, el *malo* —e incluso su sombra rastrera, el villano del western— es un hombre mucho más convincente, como prototipo dramático, que su oponente, el *bueno*, el chico de la película, el honesto y, por contraste, un poco ingenuo, portador de una fe ciudadana respecto de la que aquel es un redomado incrédulo: «Donde hay montañas hay caballos», tal es la sarcástica partida de nacimiento de los hombres de ninguna parte, de esa colección de despojos que se reúne en un recodo del seco itinerario de *Estación Comanche*:

> LANE: Me echaron del Ejército por tu culpa, Cody. Me acusaste de matar indios.
>
> CODY: Arrasaste un poblado de comanches pacíficos, Lane.
>
> LANE: ¿Y para qué crees que estábamos allí?...
>
> CODY: ¡Vayámonos de aquí!
>
> SEÑORA LONG: ¿Y dejaremos así a Frank, sin enterrar?
>
> CODY: Sí.
>
> SEÑORA LONG: Eso no está bien.

CODY: No me preocupa lo que está bien, sino seguir vivo ... Si sigues en esta vida, acabarás colgado de una soga. ¿Lo sabes, Doby?

DOBY: Lo sé. Uno se acostumbra a todo.

LANE: Es dura esta tierra, Cody. Le obliga a uno a hacer cosas feas...

Una Tierra Prometida que obliga a quienes fueron convocados por su promesa a «hacer cosas feas»: tal es el espacio donde los hilos profundos del western trenzan sus negros bordados.

John Ford reflexiona con serenidad y amargura en *El hombre que mató a Liberty Valance* —filme que realizó cuando ya tenía la vida a sus espaldas— sobre las raíces y la evolución del western, género del que en gran parte fue creador. Ford, en el subsuelo de este filme, vincula estrechamente los derroteros del western con la compleja y arrítmica marea histórica que arrancó del instante auroral de los primeros asentamientos de pioneros, en el que se conformaron los arquetipos del hombre de la frontera, hasta el instante crepuscular de la generalización en los territorios incivilizados del Oeste, usurpados a indios y a mexicanos, del modelo civilizado de las antiguas colonias británicas del Este. Y fueron estas, desde que lograron su independencia e instauraron un modelo de democracia que consideraron exportable fuera de los límites de su territorio fundacional, quienes dieron lugar a la idea mortífera de «área de ensanchamiento», que cantó con candor entusiasmado el primer Roosevelt.

Para Ford, el tiempo histórico del western es, por consiguiente, el del transcurso predemocrático de esa área de ensanchamiento. De ahí procede otro desequilibrio: la mirada nostálgica desde la civilización al tiempo precivilizado; o, de otra manera algo más cruda, la insatisfacción de los cantores del «nacimiento de una nación» ante algunos aspectos esenciales de esa nación cantada por ellos: su nostálgica decepción final ante algo que les enorgulleció en el origen. Toda la historia del western está llena de esta quiebra íntima entre la mirada de los primeros pobladores y la mirada de sus herederos y contempladores añorantes, pues hay en estos últimos, junto a aquella paradójica *nostalgia del presente* a que nos referimos antes, una no menos paradójica *nostalgia de la ilegalidad*, sentida y presentida desde debajo del plomo fundido de la ley. De ahí procede la fuerza que, en este marco, adquiere la figura del hombre que se sitúa fuera de esa ley: el proscrito, el forajido, el *malo*, el lado negador del lado glorioso de la aventura, ese que Paul Newman, en su reencarnación del célebre juez Roy Bean de *El juez de la horca* (*The Life and Times of Judge Roy Bean*), dirigida por John Huston en 1972, radiografía con una exactitud solo imaginable en la caligrafía irónica del verbo del western:

> ROY BEAN: De ahora en adelante, yo seré aquí la ley. ¡Conozco bien las leyes, porque las he violado todas!

Y de nuevo aquel vaquero achulado, Rod Cameron, que en *La dama de la frontera* llega a una ciudad, entra en la oficina del *sheriff* y pregunta impetuoso:

> ROD CAMERON: ¿Donde está el *sheriff*?
> JUEZ: Está indispuesto.
> ROD CAMERON: ¿Grave?
> JUEZ: No. Solo muerto.

La ancha mirada *fordiana* permite ordenar cronológicamente el cine del Oeste a lo largo de los movimientos colectivos que, en forma de vaivén, dieron lugar a los estados occidentales de la Unión, hasta la fijación definitiva de sus fronteras, a principios de este siglo. Los movimientos colectivos, o etapas de asentamiento, son, sumariamente, estos: descubrimiento y exploración de nuevos territorios (área de ensanchamiento); establecimiento en ellos de las comunidades de colonos; creación de una frontera elástica (sucesivas áreas de ensanchamiento del área de ensachamiento); distribución y organización de una propiedad rural basada en el principio de conquista y de la sangre humana derramada como título catastral; trasvase de mercancías a través de los espacios continentales y creación escalonada de mercados; tendidos de líneas de comunicación y apertura de pistas; eliminación de los pueblos aborígenes, su memoria y su cultura; luchas de predominio entre grandes y pequeños dominadores de la tierra; pugna entre dos concepciones incompatibles de los límites éticos de la propiedad privada que sirve de pretexto para desencadenar una guerra civil en la que ambos contendientes están de acuerdo en lo fundamental; levantamiento de poblados y tumultuosa conversión de estos en ciudades; llegada a estas de los portadores de la ley e individualización de las antiguas pulsiones colectivas en el enfrentamiento personal entre el defensor de esa ley (*sheriff*) y su transgresor (*outlaw*); fijación final de la frontera; repliegue sobre sí mismo, una vez fijada la frontera, del impulso que llevó hasta ella y conversión en espíritu de la materia de este impulso; mutación de la riada humana en recuerdo, en nostalgia y, por consiguiente, en mito: el espíritu de la frontera.

Para cada etapa del proceso de asentamiento hay una variante del modelo. Aunque, en general, estas variantes jamás aparecen puras en un solo filme, sino entremezcladas: western de exploradores; western de caravana; western de granjeros; western de las guerras indias; western militar, o de guerra de Secesión; western de ganaderos y *cowboys*; western de poblado y ciudad; western de minas; western de diligencia; western de ferrocarril; western de tendido de pistas y de líneas de comunicación; western del desarraigo y la nostalgia finales. *El hombre que mató a Liberty Valance*, como todas las grandes obras del género, es una fugaz mezcla y un encubierto trasiego de esta vasta serie de variantes. Sus cadenciosas secuencias finales son al mismo tiempo serenas y terribles, ya que representan la esteparia racionalización de unos territorios de fértil irracionalidad. El western es, por ello, en la amarga y sentimental mirada de John Ford, la representación de una caducidad.

> EDMOND O'BRIEN: ¡Un poco de ley y orden no le vendría mal a nadie en Shinbone!

En el filme *En nombre de la ley*, realizada por Michael Winner, Burt Lancaster, un implacable *sheriff*, especie de ángel exterminador con canana, exclama con un deje de pesadumbre:

> BURT LANCASTER: ¡Muy pronto ya no quedarán por aquí ciudades como esta, que necesiten los servicios de hombres como yo!

Y, en *Pat Garret y Billy the Kid*, realizada en 1973 por Sam Peckinpah:

> BILLY: No te imagino al lado de la ley, Pat.
>
> PAT: Es una manera de sobrevivir. ... Este país está envejeciendo, y yo con él.

Volvamos la mirada hacia la última referencia a *Liberty Valance*. En ella, Edmond O'Brien no habla de la ley y el orden como absolutos, sino administrados con cuentagotas: un poco de ley y de orden, una exigua ración para hambrientos de civilización, bastaría con eso. En cuanto poema de una caducidad, el western se aferró, a medida que sus leyes genéricas y rituales fueron fijándose, a un período histórico que estuvo caracterizado por su provisionalidad, por lo que tanto o más que de una frontera geográfica, el western se ocupa de lo que hay en el interior de la estrecha demarcación de una frontera temporal, el tiempo fugazmente detenido entre el final de una época y el comienzo de otra: ese es, con toda exactitud, el material con que Ford construyó, junto a otras joyas del género, *El hombre que mató a Liberty Valance* y su poco de orden y de ley para Shinbone. Pero este canto a una provisionalidad y a una caducidad ya lejanas en el tiempo, incapacita de raíz al western para alcanzar la expresión de una plenitud. La forma épica, como le ocurre a todo comodín, como sucede dentro de todo vacío en el que es fácil apilar materiales poéticos de desecho, es el recurso empleado por la mayor parte de los analistas y exégetas del cine del Oeste para explicar la no siempre explicable garra dramática que con frecuencia alcanzan estos filmes. Bernard Dort, sin embargo, considera con verdad que «el western se ha limitado a soñar la forma épica, sin conseguir restaurarla nunca en su fuerza y en su pureza originales».

Es esta una afirmación exacta y su verdad deriva de una constante que se mantiene en la historia del western desde sus películas fundacionales: la ausencia, en ellas, de una auténtica colectividad con identidad originaria, de un pueblo, ya que solo pueden considerarse pueblos a las comunidades y naciones aborígenes, que son precisamente el sujeto pasivo del relato. La provisionalidad y la caducidad evocadas por John Ford se iluminan gracias a tal carencia, y de esta forma el poema del nacimiento de una nación, alma optimista del cine del Oeste, no expresa el proceso de formación y de asentamiento de un pueblo como tal, sino un suceso histórico posterior y de signo diferente: la organización de un Estado con residuos —los desahuciados por la maquinaria económica del Este, en terminología *rooseveltiana*— e incluso con los despojos humanos excedentarios, sobrantes de otros pueblos. Esto decide un rasgo de idiosincrasia colectiva —es decir, de la *americanidad*— del hombre del Oeste, que se manifiesta como marca de empresa antes que como peculiaridad nacional y menos aún popular.

Es fácil descubrir que el hombre del western actúa casi por completo al margen de una reacción popular tópica, como es la solidaridad. No hace falta acudir al ejemplo extremo de *Solo ante el peligro* (*High Noon*, 1952), realizada por Fred Zinnemann, debido a que este filme propone la expresión de la insolidaridad con esa inelegancia cinematográfica que es el subrayado, el exceso de evidencia. Hay en el western infinidad de muestras de este comportamiento elaboradas con más veracidad que en *Solo ante el peligro* y una entre tantas está detrás de aquella famosa exclamación de uno de los «cazadores y tramperos que buscaban castores y encontraron la gloria» de *Río de sangre*, cuando, en pleno instante de inspiración épica del grupo que remonta un río inexplorado, exclama:

> TRAMPERO: ¡No me gustan estos tipos! Lo descubrí cuando mataron a mi primer socio.

Este intrépido aventurero, rodeado como está por una piña de compañeros de hazaña, otorga a la palabra «socio» —expresión de una coincidencia efímera de intereses de tipo económico— una eficacia emocional superior a la de cualquier otra. En *La leyenda de la ciudad sin nombre* (*Paint Your Wagon*, 1969), Lee Marvin es mucho más explícito:

> LEE MARVIN: He sembrado campos de sal, he vendido whisky a los indios y en cierta ocasión un tipo sacó su revólver y le maté. No recuerdo un mandamiento que no haya quebrantado constantemente: nunca amé, ni respeté ni honré a mis padres; y he codiciado a la mujer de mi prójimo. He jugado y he hecho trampas en el juego. Pero hay una cosa que no he hecho nunca: jamás he engañado a un socio.

La conjunción de unos hombres, el sentimiento primordial de colectividad, no depende de solidaridades épicas —tanto de origen como de objetivos finales—, ni de reacciones específicas de una identidad colectiva forjada, de un pueblo, sino de necesidades cotidianas intermedias de tipo práctico. Dice Dan Duryea a Audie Murphy en una escena de *La última bala* (*Night Passage*, 1957), de James Neilson:

> DAN DURYEA: No te excites, muchacho. Durante algún tiempo vamos a necesitarnos el uno al otro.

«Durante algún tiempo» —he ahí el estigma de la provisionalidad llorado por Ford— dos hombres van a necesitarse mutuamente. Sobre tan angosto aliento solidario, alimentado por la prosaica dieta de un economicismo casi impúdico, no hay posibilidad de epopeya. Ernest Haycox, John Ford y Dudley Nichols cierran el círculo de este pragmatismo idílico, que actúa como vaso comunicante de las piñas humanas en la aventura del western, en la famosa escena de *La diligencia* en que, dentro del legendario carruaje, el desfalcador Gatewood y el jugador Hatfield (John Carradine) se enfrentan —y sus encabritadas pulgas son apaciguadas por un gesto reconciliador de Thomas Mitchell y de John Wayne— poco antes de que los apaches de Gerónimo se asomen detrás del nítido perfil de las colinas de Lordsburg:

> HATFIELD: ¡Habla usted demasiado, Gatewood!
>
> GATEWOOD: ¡Sus amenazas me dejan frío, Hatfield! ¡No es usted más que un vulgar jugador!
>
> HATFIELD: *(Se dispone a expulsarle de la diligencia.)* ¿Qué pretende, Gatewood? ¿Hacer a pie el resto del camino?
>
> GATEWOOD: ¿Quién es usted para intentar expulsarme de un transporte público?
>
> DOC BOONE: ¡Caballeros, cálmense!
>
> RINGO: Tranquilícese, Gatewood. Antes de llegar al final del viaje nos necesitaremos para luchar contra los apaches.

El residuo final de la avalancha humana hacia las extensiones del Oeste, aísla y desparrama, atomizándolos al final del itinerario soñado, a los individuos que la conformaron. Un western propone siempre la imagen de un hombre que se encuentra solo en medio de un camino que únicamente es posible recorrer en absoluta soledad incluso cuando se está acompañado. Esta soledad del hombre del Oeste es la causa de su feroz independencia y de su condición de *outsider*, el sello del buscador errante de patria, del forastero. En el interior del origen de la Patria Americana, el hombre del western manifiesta su americanidad como una ausencia de patria. El conquistador de las praderas, independiente, práctico, solitario e insolidario, arrojado a la válvula de seguridad *rooseveltiana*, es hombre de ninguna parte. En *Triunfo de valientes* (*The Big Land*, 1957), de Gordon Douglas, Edmond O'Brien, un alcohólico al que los habitantes de un villorrio texano intentaron linchar porque robó una botella de whisky en un bar, ha logrado escapar de la horca con la ayuda de un jinete errante, Alan Ladd, y de un caballo que O'Brien consigue robar en el último instante. Los dos jinetes huyen ahora, sin atreverse a mirar hacia atrás, de la patrulla de linchadores, que se ha internado tras ellos en el desierto:

EDMOND O'BRIEN: *(Se deja, extenuado, caer del caballo.)* ¡No puedo más!

ALAN LADD: ¡Vamos! ¡Tiene que seguir adelante!

EDMOND O'BRIEN: ¡Es imposible!

ALAN LADD: ¡Tenemos que llegar a Kansas!

EDMOND O'BRIEN: ¿Por qué?

ALAN LADD: El caballo que monta no es suyo. Si por poco le linchan por robar un trago, imagine lo que le harán si le agarran montando un caballo robado. ¡Vamos!

EDMOND O'BRIEN: Ya conoce mi problema. Ahora dígame cuál es el suyo.

ALAN LADD: Me buscan por matar a un hombre.

EDMOND O'BRIEN: ¿Lo hizo?

ALAN LADD: Tuve que hacerlo.

EDMOND O'BRIEN: ¿Y por eso tiene que llegar a Kansas?

ALAN LADD: Por eso y porque vendí mi ganado. Ya no hay nada que me ate a Texas.

En *El hombre de Laramie* (*The Man from Laramie*, 1955), de Anthony Mann, el vaquero errante James Stewart se encuentra con la joven granjera que interpreta Cathy O'Donnell:

CATHY O'DONNELL: ¿De dónde viene?

JAMES STEWART: De Laramie.

CATHY O'DONNELL: ¿Es ese su pueblo?

JAMES STEWART: No.

CATHY O'DONNELL: ¿Cuál es su pueblo?

JAMES STEWART: No tengo pueblo. En cualquier parte estoy en mi pueblo.

El hombre del western procede de un lugar impreciso y se dirige a otro inconcreto. Está casi siempre de paso. Su país es su camino. Es por ello un arquetipo de relato itinerante, lo que le sitúa en la médula de las tradiciones más fértiles de la narrativa anglosajona posromántica, razón por la que la americanidad del western es también una manifestación de poesía del camino, del tránsito y, en consecuencia, del desarraigo; e, incluso, del exilio interior, considerado este como almacén excedentario (nuevamente la idea de una válvula de seguridad, de vertedero de desechos humanos: tránsfugas, fugados, vagabundos, gente de paso, forasteros con formas legendarias de centauros) de los desperdicios de la vida moderna. Entremos de nuevo en el interior de la diligencia a Lordsburg. En esta ocasión no llegaron a pronunciarse en ella las palabras que siguen y que el guionista de *La diligencia*, Dudley Nichols, leyó en el cuento de Ernest Haycox que sirvió de base a la película. Hablan, en el argumento original del filme, la prostituta Dallas (Claire Trevor) y el pistolero Ringo (John Wayne):

RINGO: Arriba, en la cuenca de Tonto, hay una hermosa tierra. Tengo todavía allí un trozo de rancho, con una casa a medio construir.

DALLAS: *(Con trágica paciencia en sus ojos.)* Si ese es su país, ¿qué hace usted en este?

RINGO: Tengo una deuda que saldar.

DALLAS: ¿Es esa la razón que le lleva en este viaje? Nunca conseguirá saldar esa clase de deuda. Todo el mundo le conoce en este territorio. Hace años usted fue ranchero. Entonces intentó barrer un resentimiento y más tarde hubo otro más grande que barrer. La deuda ha seguido creciendo y cada día hay más hombres que le esperan para matarlo. Sería mejor que se olvidase de sus deudas.

...

RINGO: ¡Tengo que ir!

POSADERO: ¿A Lordsburg? Sería mejor que no fuese: Plummer y Shanley están allí.

RINGO: Tengo que ir y resolver este asunto ... Un hombre no puede escapar de nada.

La narrativa norteamericana ha aprendido, a veces incluso sin querer, del gesto y el verbo —que en el western son la misma cosa— del cine del Oeste, porque en él encontró una forma sencilla y eficaz de acoplar las formas del relato itinerante tradicional con los comportamientos que distinguen a la población excedentaria que genera la sociedad norteamericana. Nos lo demuestra el habla, el andar, la mirada de los grandes actores que contribuyeron decisivamente a dar rostros reconocibles a los personajes de la mitología *westerniana*: William S. Hart, Harry Carey, William Boyd, Wallace Beery, George Bancroft, Walter Brennan, Charles Bickford, Ward Bond, Spencer Tracy, Clark Gable, Charlton Heston, Gary Cooper, Randolph Scott, Gregory Peck, Ben Johnson, Warren Oates, Joel McCrea, James Stewart, Arthur Kennedy, Richard Boone, Richard Widmark, Dan Duryea, John McIntire, John Wayne, Henry Fonda, John Carradine, Burt Lancaster, Thomas Mitchell, Robert Mitchum, Jack Elam, William Holden, Sterling Hayden, Jack Palance, Robert Ryan, Victor McLaglen, Kirk Douglas, entre muchos otros. Raro es el actor europeo que consigue encajar sin forzamiento dentro de la iconografía fijada en el vocabulario de las pantallas por estos y otros grandes actores norteamericanos o formados en la tradición norteamericana, como es el caso del tasmano-irlandés Errol Flynn. En el western, y como sustrato de su americanidad, hay una cultura del relato que coincide con una cultura de la fisonomía, del comportamiento y, en concreto, del comportamiento violento, difícil de imaginar en otros códigos gestuales que los elaborados por los actores norteamericanos que se especializaron en la representación de los hombres de su Oeste.

En 1916, en el alba del género, el gran William S. Hart trazaba ya coordenadas geográficas al poema *westerniano*: «Yo no sé lo que el cine del Oeste significa para los europeos, pero para nosotros significa la esencia misma de nuestra vida nacional. Me refiero a la última frontera. El espíritu de la frontera es inseparable de la ciudadanía norteamericana». Con lógica contraria, Howard Hawks solía decir lo mismo: «Un mal western es el que cuenta una historia que podría ocurrir en cualquier parte». El lacónico John Ford fue, no obstante, algo más preciso: «Lo que importa en el western es la tierra, el país. Puede usted decirlo: el verdadero protagonista del cine del Oeste es el país». Georges-Albert Astre orienta el sentido de esta búsqueda en el interior de la americanidad hacia el rostro de quienes la ejercen en la pantalla, hacia el aparato gestual, tan preciso como los puñetazos de un amenazante vocabulario de augures, que lo hace posible: «El ritual del espectáculo *westerniano* depende en gran medida de los gestos y de las actitudes del *cowboy* y supone una relación casi mágica entre el decir y el hacer, entre palabra y acto. Como todo comportamiento de tipo elemental, pensamiento y acción, ética y actitud física, son indisolubles. De ello puede resultar una verdadera semiología del gesto y del comportamiento». Y mucho más atrás, a mediados del siglo XIX —mientras, sin proponérselo, regaba las raíces del mito—, Herman Melville, que nunca pudo contemplar una película del Oeste, la presintió con esta tremenda potencia descriptiva: «Se podía ver aquel pensamiento dando vueltas a su alrededor según andaba, y tan completamente poseyéndole, que todo él parecía la forma interior de su movimiento externo».

Pero la americanidad del western se presta a otras interpretaciones diferentes y, entre ellas, hay una muy arraigada que dice: «El western es la forma más adecuada para reflejar la época colorista y refulgente de la expansión hacia el Oeste de los Estados Unidos. Por eso es un género romántico, la imagen de una América inimitable, llena de espacios inmensos y de hombres que colman nuestra imaginación y nuestra nostalgia. El héroe del western es un aventurero romántico e idealista». El autor de la ingenua blancura de esta declaración de principios es Andrew McLaglen; un discípulo poco aventajado de John Ford, hijo del gran actor fordiano Victor y mediocre director de una docena de westerns entre los que se encuentran *El gran McLintock* (*McLintock*, 1963), *Chisum* (1970) y *La primera ametralladora del Oeste* (*Something Big*, 1971).

De manera un poco tosca, McLaglen se hace aquí portavoz de una concepción del cine del Oeste que tiene mucho que ver, sobre todo por la falta de recato con que hace pasar por mercancía armónica lo que es mercancía contradictoria, con la imagen que del género promovió —y a la larga fracasó en el empeño— el nacionalismo norteamericano. Para Andrew McLaglen, como para John Wayne cuando por desgracia para él y para nosotros se escapaba de delante de las cámaras y se colocaba detrás de ellas, el western es el reflejo de un período «refulgente y colorista» de una historia de su país, escrita con guante blanco por una mano blanca. Tal idea contiene, con palabras suaves, un optimismo bonachón, si se recuerda que el período histórico «refulgente y colorista» a que McLaglen se refiere está jalonado por un sangriento rosario de sucesos de esta oscura índole: apropiación por los Estados Unidos de inmensos territorios ajenos; exterminio casi total de los pueblos aborígenes en las grandes operaciones de asentamiento; expolio por parte de los colonos amparados por los políticos de Washington de las propiedades de otros colonos procedentes de asentamientos movidos desde otros centros de poder; arrasamiento, sin hasta entonces otros precedentes que el de las últimas glaciaciones, de ecosistemas integrales; esclavitud y, finalmente, guerra civil. De ahí que la imagen de una americanidad «refulgente y colorista», diseñada bajo el peso de lo que engendró y aplastó a su paso, parezca más que una verdadera idea, el espectro cómico de una idea, un sarcasmo.

La concepción que McLaglen tiene del western, y que no hace muchos años era la única moneda legal, hoy es casi clandestina. Aunque dé la impresión contraria, tal concepción procede no de la visión positiva del género, sino justamente del negativo de esa visión, pues, al igual que todos los rituales fijados, el western hace posible, como clave para su interpretación, una ortodoxia al revés, que permite discernir «lo que no es un western» y, consecuentemente, «lo que sí es» mediante operaciones comparativas que se prestan fácilmente, primero a la ambigüedad, después a la difuminación y finalmente al escamoteo. En la más usual de estas operaciones es donde se apoya la tosquedad de McLaglen que, a grandes rasgos, consiste en delimitar el territorio poético del *western* en función del territorio lógico del *eastern*; o, de otra manera, en estimular la exaltación de las dimensiones misteriosas, orientales e idealistas —ámbito natural del mito— de una América cuyo rostro universalmente conocido —ámbito natural de la Historia— es todo lo contrario: prosaico, occidental y pragmático. De esta inversión de conceptos, todo escapa trastocado y, derivada de ella, nos encontramos con la impostura de que el cine del Oeste es un género idealista y romántico en sentido ingenuo, una leyenda idílica cuyos delicados filtros atrapan el oro y no dejan pasar la arena gruesa de la ganga; o, dicho de otro modo, una malla que se deja atravesar por los bellos sueños, pero que cierra el paso a las feas pesadillas. Según esto, el western expresa el acuerdo —que más adelante veremos como ilusorio— entre un pueblo móvil y su territorio inmóvil de asentamiento, lo que introduciría a este género «refulgente y colorista» en la estirpe de las grandes epopeyas migratorias, comenzando por los libros mosaicos de la Biblia.

Tan grande arraigo alcanzó, sobre todo en las dos posguerras mundiales, esta forma de exégesis del western que, sin la tosquedad con que la hicieron suya ideólogos nacionalistas como John Wayne y Andrew McLaglen, empañó la lupa de algunos eminentes estudiosos del género, como los franceses André Bazin y J. L. Rieupeyrout, quienes, a su manera no simple, cayeron en la simpleza de la trampa, pues no hay estado de gracia e inocencia en el modelo germinal del western y mucho menos en los oscuros y profundos surcos de su desarrollo. En el período de formación del mito hay ya zonas, evidentes y nada casuales, de pesimismo; hay, también de manera evidente y no azarosa, ausencia de categorías épicas genuinas; y hay finalmente una colisión, con frecuencia estrepitosa, entre los contenidos de la aventura y sus formulaciones formales, de tal manera que unas y otras se perturban recíprocamente. El patriarca Clanton (Walter Brennan) de *Pasión de los fuertes* apalea brutalmente a su hijo, que mantiene una no humeante pistola en la mano:

> WALTER BRENNAN: ¡Cuando un hijo mío saca el revólver de la funda, ha de usarlo!

En la aurora del mito, un filme como *Avaricia* (*Greed*, 1923), de Erich von Stroheim —que no es un western pero que reúne muchos de sus ingredientes y despliega algunas de sus peculiarísimas cadencias—, es un muestrario de extracciones tan dolorosas y pesimistas que resultan disuasorias para la exégesis blanca. Pero no es necesario salir fuera de la ortodoxia del género para toparse con esta sombra. Obras como *La caravana del Oeste* (*The Covered Wagon*, 1923), de James Cruze, y *El caballo de hierro* (*The Iron Horse*, 1924), de John Ford, contienen con deslumbrante negrura las primeras refutaciones frontales de la impostura del colorismo. Los ejemplos se multiplicarían si entráramos con algún detenimiento en el período de madurez del ramillete de cineastas —Wesley Ruggles, Thomas Ince, John Ford, Budd Boetticher, King Vidor, Raoul Walsh, Anthony Mann, Henry King, Fritz Lang, William Wellman, Allan Dwan, entre otros muchos— que fijaron las reglas del juego *westerniano*, pues todos fueron creadores de algo mucho más grave que un jardín coloreado por la inocencia, el candor y la cordura. Por el contrario, fue oficio de estos grandes maestros ennegrecer las flores artificiales de ese jardín y, cada uno a su manera, lo relataron con tonalidades amargas y, en ocasiones, con gran fuerza conflictiva. En el umbral de uno de estos estallidos —el de *Encubridora* (*Rancho Notorius*, 1952), realizada por Fritz Lang— hay una desazonadora canción en la que Altar Keane (Marlene Dietrich) nos advierte de la existencia de un misterioso lugar llamado Chuck-a-Luck:

> ALTAR KEANE: ¿Dónde está? ¿Qué es Chuck-a-Luck? Nadie vivo lo sabe y los muertos no hablan. Así, sin respiro, un hombre busca ese lugar en otoño, en invierno, a través del vasto Suroeste. Lo que le arrastra como un poseso, no le permite descansar en la búsqueda. De noche o de día, temprano o tarde, busca un lugar, una ciudad, un rostro y en lo más profundo de su alma el odio, el asesinato y la venganza crecen. La venganza es un fruto amargo y maléfico y la muerte le acompaña siempre. Ahora, la pista que conduce a Chuck-a-Luck lleva a una prisión que está junto a Gunshight. Los hombres que allí viven, viven según las leyes del odio; ya no les quedan otras razones para vivir.

Arnold Laven, director, como Andrew McLaglen, de westerns de tercera fila, cuya obra más notable es *Gerónimo* (*Geronimo*, 1962), nos ofrece, con parecida tosquedad que su colega, una versión opuesta de las cosas. Para Laven «el western ofrece una ocasión inmejorable para hacer alegorías. Por eso hay que buscar el trasfondo del western, lo que en él nos permite abordar asuntos contemporáneos». Interesa extraer de estas palabras una sola: trasfondo, palabra que nos pone sobre la pista de la existencia en el cine del Oeste de una parte inexplícita, de una zona trasera oculta, que nos dice que el género, en cuanto tal, nació enfermo de una rara duplicidad en la que reside precisamente su salud, pues desde ella el cineasta puede alcanzar las cumbres de la condición prometeica: ser una cosa siendo otra; y así, penetrar en las cavernas de la contemporaneidad a través de los cementerios del pasado.

El tipo de película del Oeste que más se presta a la interpretación colorista es el western de caravana, la nutrida serie de relatos que, desde *La caravana del Oeste* hasta *Cimarrón* (*Cimarron*, 1961), de Anthony Mann, pasando por *Wagonmaster* (1950), de John Ford, reconstruyen la aventura desde su angulación más *limpia* y, sobre el papel, más apropiada para su traducción en forma de epopeya. Pero incluso en estas películas, la inclinación natural hacia la rectitud y linealidad en la exposición del mito se encuentra de improviso ante perturbaciones inconfortables: hay en ellas algo inconcreto que estorba a la franqueza de la alegoría y le otorga un giro involuntariamente inquietante. La gran carrera de una colectividad de colonos hacia el territorio de la colonia, para ser fílmicamente verosímil, requiere que la cámara ahonde en los comportamientos atomizados del grupo, y este comportamiento, para ser a su vez fílmicamente creíble —pues las leyes inviolables de la física de la imagen exigen una intensa incardinación del modelo de comportamiento en el escenario donde este es ejercido— requiere cierta doblez, que es la misma doblez de la aventura emprendida. Y el colono, durante el tiempo de su viaje en la caravana, no es el mismo hombre que, al final del itinerario, encuentra por fin la parcela de tierra que soñó en la tregua auroral del pescante de su carromato. Es otro hombre.

La aventura colectiva del camino se dispersa así al final de este, atomizada, pulverizada por una de esas perturbaciones: la codicia, y desde la imagen de la codicia, la armonía inicial se diluye en multitud de desarmonías, por lo que en el acto heroico de la apropiación de un territorio, el western pide a gritos la expresión convulsa de la sombra amarga de esa apropiación; es decir, su condición no heroica. Es así como en el corazón del modelo más optimista del rito *westerniano*, la cámara, forzada por la presión de los códigos que descifran la verosimilitud de las imágenes cinematográficas, observa perpleja el final de una aventura que se destruye a sí misma: la colectividad móvil muestra que dentro de sí alberga el cáncer de su autonegación y, como consecuencia de ello, la gesta idealista se identifica inquietantemente con la antigesta utilitaria de la codicia desatada. Es en el fondo de esta inquietud donde las chispas que saltan de estos violentos choques entre el derecho y el revés de la hazaña colonizadora, surge la conversión, sin forzamiento alguno, de la hazaña histórica en pecado histórico: un pecado germinal como el acto de donde procede, el pecado original de un nuevo Génesis, este no original. El manotazo de un viento de verdad remueve entonces las limpias aguas del manantial épico y dispersa en el interior del remanso una turbia turbulencia.

La Biblia —la parte más esquinada y sombría de sus relatos— gravita sobre toda la historia del western. Los mitos bíblicos que más hondo han herido al western y que más se interrelacionan en su entramado, son el mito del pecado original, mito genesíaco por excelencia, y el mito de la tierra prometida, mito mosaico por excelencia. Uno y otro se sostienen y destruyen recíprocamente y de su precario equilibrio mutuo surge un tercero, el mito del patriarca, mito profético por excelencia. Este mito funde a los dos anteriores y los hace incardinarse en prototipos individuales, cuya pronunciada y devastadora singularidad es uno de los signos de la grandeza y la condición imperecedera del universo trágico del western. Recordemos al profeta vengativo y loco de *Los que no perdonan* (*The Uniforgiven*, 1960) y al viejo campesino que cae abatido como un roble en *El círculo rojo del valor* (*The Red Badge of Courage*, 1951), ambas de John Huston; al bestial y nostálgico ganadero de grandes melenas blancas de *Raíces profundas*; los dos ganaderos jefes de clanes rivales (Burl Ives y Charles Bickford) que mantienen su odio más allá de toda medida y hasta la destrucción mutua en *Horizontes de grandeza*; el inflexible ranchero paralítico McCanles que Lionel Barrymore interpreta en *Duelo al sol* (*Duel in the Sun*, 1946), de King Vidor; el viejo jefe Clanton (Walter Brennan) de *Pasión de los fuertes*; el miserable jefe de atracadores, grandioso por las desmedidas proporciones de su mezquindad, que encarna Lee J. Cobb en *El hombre del Oeste* (*The Man of the West*, 1958), de Anthony Mann. He ahí una pequeña muestra de la larga galería de fieras humanas que destilan una obstinada perturbación, unos ancianos violentos, enloquecidos por la prolongada vivencia de una lucha que les ha obligado a cargar sobre su gesto una inagotable capacidad de agresión. Ellos, por su sola presencia, derrumban la imagen de la epopeya optimista, en la medida que son individuos que transportan, pegado a su piel, el resumen de una aventura cuyo idealismo inicial encuentra ahora en ellos un viciado final: unos cuantos caracteres indeciblemente violentos, exasperados y brutales.

Estos trágicos patriarcas fueron en su juventud pioneros y su itinerario fue el vehículo que trasladó a la plenitud del vacío de las praderas la exaltación de las caravanas en el camino. Recordemos de nuevo a Melville: «Los únicos lugares reales son aquellos que no están en ningún mapa». Pero esa exaltación se ahogó en sus gargantas, estas enronquecieron, el susurro se hizo gruñido y, tras el desgaste del asentamiento colonial, la alegría primera se secó bajo la costra de un baño de sangre. Nuevamente, la voz profética de Melville: «La conciencia es la herida y no hay nada que la restañe». La memoria de esa sangre les marca, como sus hierros marcan sus reses: es el signo, la cicatriz de la herida del pecado original, transmisible como el que corresponde a todo génesis. Aquellos ancianos pioneros lo transmitieron como una herencia, de arraigo casi genético, a sus sucesores, los hombres de la frontera abierta, y estos, a su vez, a quienes dejaron detrás de las grupas de sus caballos, amarrados a las tierras usurpadas y parceladas. El último *frontiersman* ya no realiza matanzas sistemáticas contra los dueños inmemoriales de esta tierra. No le es necesario, porque otros le despejaron el camino de obstáculos humanos; pero, como si se tratara de un relevo, el hombre de la frontera ha recibido de la mano de los viejos patriarcas las tradiciones deducidas de las matanzas iniciales: no es un genocida practicante, pero su buen sueño descansa sobre el lecho chirriante y todavía húmedo del genocidio llevado a cabo por sus mayores. Nadie mejor que Jack Kerouac —el profeta entristecido de la generación *beat*— abrió de un tajo el alma de uno de estos herederos, cuando puso las palabras que siguen en la boca de uno de los vaqueros de su novela *En el camino*: «Por mí, pueden devolver Nebraska a los indios. Yo ahora vivo en Montana».

John Ford ahondó en esta herencia moral con estremecedora sinceridad en *El gran combate*. La ampliación del área de libertad *rooseveltiana* no fue un asunto transparente, sino una ciénaga que, como la sombra del pecado original sobre los libros proféticos de la Biblia, encharca la luminosidad del western. Ben Brigade, el austero y lacónico cazador de forajidos que Randolph Scott interpreta en *Cabalgada en el desierto*, tiene su manera personal de ver una de las consecuencias incatalogables de este terrible asunto, contra el que no tiene más arma que la sorna:

> BEN BRIGADE: No conviene asustarse delante de un indio. Lo toman a mal.

Es esta una frase que todos los campesinos del mundo pronuncian, pero por lo general referida a los perros. El propio Randolph Scott, esta vez en *Estación Comanche*, es un poco más explícito:

> RANDOLPH SCOTT: Que los comanches le quiten a uno la mujer, es desagradable. Pero que se la quite a uno otro hombre blanco, eso ya es peor.

No es posible para este hombre bueno tener verdaderos celos de un indio; pero de un hombre blanco ya es otra cosa. El hombre del Oeste lleva pegada a la piel las excrecencias del pecado heredado: el viejo patriarca conserva en su gesto bíblico los crispados ademanes adquiridos durante la matanza. Pero su heredero, en cambio, los oculta bajo una piel amablemente curtida y un rostro sonriente. Jack Lemmon, en *Cowboy*, es un apacible negociante de una ciudad del Este que, de la noche a la mañana, se encuentra metido hasta el cuello en el turbulento mundo de los vaqueros nómadas. Su primera respuesta es una náusea incontenible, a la que sigue un lento y progresivo despojamiento de las capas civilizadas de su identidad. Gary Cooper habla sin tapujos de la naturaleza de esta identidad en *El vaquero y la dama*:

> GARY COOPER: Los vaqueros somos medio animales.

A lo largo de las etapas de este despojamiento, Lemmon va diluyendo su asco inicial y, una vez rotas del todo las últimas barreras del pudor, la respuesta civilizada es sustituida por una especie de salvaje alegría de la violencia, un tipo de violencia que es connatural a su nuevo oficio y, lo que resulta más inquietante, una parte inseparable de su aparato caracteriológico de producción, de su competencia como practicante de un trabajo. A partir de entonces, el ex oficinista Jack Lemmon es un hombre que, mientras vaga sin rumbo por las praderas, imprime a su figura el peculiar sigilo de quienes tienen algo que ocultar.

Algo que ocultar. Uno de los más grandes y más desconocidos maestros de cine del Oeste, Budd Boetticher, expuso en noviembre de 1969, a la revista francesa *Positif*, su impresión, tomada sobre el terreno del mito, del poder de la imagen de un hombre que, mientras cabalga, tiene algo que ocultar. Esta imagen adquiere su fuerza en su capacidad de definición automática del personaje, por su simple colisión contra el paisaje. Dice Boetticher: «Siempre que comienzo a rodar, lo hago con un plano general muy largo en una zona de rocas desoladas: vemos un jinete que avanza lentamente hacia la cámara o que cabalga paralelo a ella. En unos segundos, el personaje existe antes de que haya pronunciado una sola palabra, antes de que le veamos en primer plano incluso. Y sentimos la enorme longitud de su camino, su soledad. Adivinamos entonces que este hombre ha tenido que matar para llegar hasta allí y que ha empleado toda su vida en la caminata en que ahora está embarcado». Telly Savallas, que interpreta al mandamás de una cuadrilla de cuatreros en *Camino de la venganza* (*The Scalphunters*), que fue realizada por Sydney Pollack en el año 1968, sermonea a su reata de bestias humanas con el siguiente rosario de méritos:

TELLY SAVALLAS: ¡Hemos sacado las tripas a docenas de hombres blancos! ¡Hemos asaltado la mitad de los bancos de Kansas! ¡Hemos liquidado a más pieles rojas que la Caballería de los Estados Unidos! ¡Y ahora, vosotros, hombres de Jim Howet, queréis desertar porque os persigue un hombre, un solo hombre: ese comanche renegado y loco de Joe Bass, que se empeña en recuperar las pieles que le quitamos!

Y en *Young Billy, Young*, de Burt Kennedy, nos encontramos con este juego de réplicas entre un viejo campesino y un forastero:

VIEJO: ¿Qué le trae a usted por estos lugares, forastero?

BEN KANE: El médico de mi lugar me recomendó que me fuera a otro con menos plomo en el aire.

Infinidad de hombres torvos y atormentados transitan de un lado a otro en la rugosa cartografía del western. Sombríos, huidizos, herméticos, tenaces, lacónicos, cargados sus labios —como su revólver de proyectiles— de descargas de ironía o de silencio mortal, esos hombres nunca se quedan a donde llegan; en cualquier lugar siempre están de paso; y su comportamiento pétreo, persistente y esquivo tiene algo de tapadera de un abismo sin fondo, inaccesible: cabalgan, y mientras cabalgan, ocultan algo. En la vasta mitología del cine del Oeste nos encontramos con rara periodicidad ante sujetos que deambulan, aparentemente sin rumbo, en busca de una oscura rehabilitación. En *Los que no perdonan*, la madre de la familia Zachary (Lillian Gish) conversa con su hija, Rachel Zachary, una joven india adoptada, encarnada por Audrey Hepburn:

AUDREY HEPBURN: ¡Pude verle la cara, madre! Era un cazador tuerto, con una gran cicatriz que le cruzaba la cara. Llevaba un sable y parecía estar loco. ¿Lo conoces?

LILLIAN GISH: Sí, lo conozco. He visto muchas veces a hombres como ese. Padecen el peor de los males, la fiebre de la pradera.

AUDREY HEPBURN: ¿Qué la produce?

LILLIAN GISH: ¡La soledad! Hay muchos cazadores solitarios vagando por las llanuras. ¡Todos ellos están locos! ¡Buscan bisontes donde ya no quedan bisontes!

Los hermanos Ben y Cash Zachary, interpretados por Burt Lancaster y Audie Murphy, siguen más tarde el rastro del cazador demente:

BURT LANCASTER: Es inútil perseguirlo en medio de esta tormenta. El polvo no nos deja ver ni las montañas.

AUDIE MURPHY: Está herido, Ben. Morirá por ahí y el viento lo enterrará.

BURT LANCASTER: Los tipos como Elsing no mueren, si no se les mata.

Es la misma filosofía que predica John Wayne en *Valor de ley* (*True Grit*, 1969), de Henry Hathaway:

JOHN WAYNE: Con las ratas no sirven legalidades. Se las quita de en medio o se escapan.

Esos hombres que, como las ratas, «no se mueren más que cuando se les mata» son gente cerrada a cal y canto sobre un pasado del que jamás hablan: Gary Cooper en *El hombre del Oeste*, de Mann; Kirk Douglas en *Duelo de titanes* (*Gunfight at O. K. Corral*, 1957), de John Sturges; Robert Ryan en *Grupo salvaje* (*The Wild Bunch*, 1969), de Peckinpah; Gregory Peck en *El pistolero*, de Henry King; Alan Ladd en *Raíces profundas*, de George Stevens; Henry Fonda en *Cazador de forajidos* (*The Tin Star*, 1957), de Mann; Victor Mature en *Pasión de los fuertes*, de John Ford; toda la galería de retratos esbozados con brochazos de sarcasmo negro que Joseph L. Mankiewicz construye en *El día de los tramposos* (*There Was a Crooked Man*, 1970). El militar loco que Henry Fonda compone en *Fort Apache*, de Ford, una especie de caricatura al mismo tiempo irrisoria y patética del célebre fundador del Séptimo de Caballería, general George Armstrong Custer, nos da una llave que entreabre la puerta de esos abismos humanos solitarios y, con ella, un ángulo desde el que es posible descubrir cómo, detrás de la huella del pecado del patriarca colonizador contra el dueño ancestral de las praderas, se agazapa, con las garras abiertas, la política. Lo sabe el viejo jefe sioux, cuando cuenta de la siguiente manera el reparto de culpas entre blancos e indios en *Casta de guerreros* (*Sitting Bull*, 1954), de Sidney Salkow:

> SITTING BULL: El Gran Jefe Blanco habla por muchas lenguas. ¡Todas ellas mienten! Cuando el soldado blanco hace una matanza de indios dice que ha ganado una batalla. Pero cuando el indio gana una batalla, el soldado blanco dice que el indio ha hecho una matanza de blancos.

Y en el mismo filme, el presidente Ulysses S. Grant corrobora sin proponérselo la diatriba del gran jefe Sitting Bull. Con esta fulminante advertencia, amenaza Grant a uno de sus militares asesores en cuestiones indias:

> PRESIDENTE GRANT: ¿Adónde pretende llegar usted, comandante Parrish, defendiendo a los indios? ¿A soldado raso?

He ahí, vislumbrados, algunos rincones del trasfondo de que habla Arnold Laven. Las caravanas hacia el Oeste eran aparentemente guiadas a través de praderas, gargantas, cordilleras y desiertos por exploradores de leyenda, pero, en realidad, miles de kilómetros por detrás de los pescantes de los carromatos, las riendas de las mulas eran tensadas desde el Este, en unas cuantas mesas de despacho de políticos profesionales. Desde estos despachos, la desgarrada heroicidad del pionero no era más que una jugada abstracta dentro del complejo ajedrez expansionista, y desde aquellas mesas se encendía, con un dedo índice en postura de mando, la codicia creadora y homicida del pionero, pulsión encargada de mantener, como se mantiene un fuego sagrado, la paradoja de una frontera sin límites fronterizos, una frontera elástica, o, si se quiere, limitada por un *más allá* inagotable. Este más allá, signo abstracto de la estrategia de la expansión, se hace signo concreto, y alcanza incluso una alta definición, en la fascinante iconografía del western fronterizo, al que más adelante nos referiremos con algún detenimiento. En él, la blasfemia genocida, la gran matanza inicial, el pecado de origen, late siempre, invisible como todo subsuelo, por debajo de la poesía de los espacios abiertos y hace de estos, incluso en los westerns más cargados de inocencia, el cerrado e intransitable ámbito de una culpa. Exclama, con resonancias proféticas, el personaje histórico John Brown —que es aquí interpretado por el truculento Raymond Massey— en *Camino de Santa Fe* (*Santa Fe Trail*) que Michael Curtiz realizó en el año 1940:

> John Brown: ¡Los pecados de esta tierra solo podrán ser purgados con sangre!

Y cuenta el viejo cacique de *Raíces profundas*:

CACIQUE: Esta tierra es nuestra, señor Shane. La ganamos. Pero para ganarla tuvimos que echar de aquí a los indios, y eso marca.

A algunas de esas marcas —elegidas entre las centenares registradas en las crónicas y anales de la conquista del Oeste—, como Washita o Wounded Knee, a la manera automática del Monte Calvario o del campo de Treblinka, les basta con ser nombradas para que nos abran de par en par la puerta del silencio; pero otras se parecen a chistes *westernianos* y merecen contarse. Por ejemplo: el día 5 de abril de 1847, el presidente de los Estados Unidos James Polk dio plenos poderes a uno de sus diplomáticos, Nicholas P. Trist, para establecer nuevas líneas fronterizas. Este diplomático fue el primero en proponer la Nueva Frontera, que suponía la usurpación a México de los siguientes territorios: Texas, Nuevo México, los espacios comprendidos entre el río Nueces y el río Grande, las dos Californias y una buena parte de las provincias mexicanas de Sonora, Chihuahua, Tamaulipas y Coahuila. En uno de los párrafos del pintoresco informe que redactó Trist se lee lo siguiente: «Los Estados Unidos ofrecen la paz y no se presentan como compradores que pretendan obligar a la venta de un territorio, sino a título de conquista y de conformidad con las reglas de la moralidad internacional». El final de esta «operación moral» supuso para México la pérdida de más de un millón y medio de kilómetros cuadrados de su territorio. Esta gigantesca área es precisamente el escenario material y moral del western, pues dentro de ella quedan comprendidos los actuales estados federados de Texas, Nuevo México, Arizona, California, Nevada y Utah, además de partes importantes de los de Colorado, Wyoming, Oklahoma y Kansas.

Otra operación moral sin desperdicio: la apropiación de territorios ajenos encontró su plena justificación en una enjundiosa teoría política cuyo primer voceador fue el presidente John Q. Adams. Se trata de la teoría del Destino Manifiesto, que tuvo manifestaciones tan delicadas como esta, pronunciada por el tonante presidente Calhoun con la cabeza engallada y el dedo colombino apuntando en forma de pistolón hacia el centro del mapa de Texas: «Está dentro del destino de nuestra raza extenderse a este territorio», lo que hace de Calhoun un precedente literal de Adolf Hitler. Y esto, que podría ser interpretado como palabrería mesiánica, encuentra en los anales de la conquista del Oeste multitud de pequeñas apoyaturas, como la siguiente, fechada el día 15 de junio de 1847, y extraída del diario de operaciones del Estado Mayor del general Taylor en la guerra de los Estados Unidos contra México: «Estos hechos [los actos de pillaje y exterminio por parte de las tropas estadounidenses de ocupación] arrojan sobre nuestro país y nuestras armas una vergüenza indeleble. Apenas si hay una forma de crimen que no haya sido cometido». ¿Y contra quién? ¿Contra otro ejército? Es Abraham Lincoln quien contesta: «Contra pacíficos campesinos mexicanos», y su enojada voz angulosa resuena en la conciencia de la vida contemporánea de los Estados Unidos y taladra de parte a parte la exaltación, la arquitectura de la gloria del western. G. A. Astre habla, con buen criterio, de «una conciencia que proclama su inocencia, pero que no cesa de sentirse culpable y que, por medio del western, oscila entre la exaltación a su misión civilizadora y los remordimientos» que le produce el recuerdo de esta misión.

Una infamia blanca encharca a multitud de filmes del Oeste: la falsaria imputación al indio de la maníaca salvajada de arrancar de cuajo las cabelleras de sus víctimas. Algunas bandas hambrientas de indios errantes practicaron, en efecto, este abominable rito, pero no fueron ellos quienes lo inventaron, sino que se limitaron a copiar las técnicas contabilizadoras de enemigos practicadas por los cazadores a sueldo de *pieles rojas*. Fueron los civilizados políticos del Consejo de Pennsylvania quienes adquirieron por derecho propio, el 4 de abril de 1764, la patente del macabro ingenio: pagaban al cazador de indios shawnees y delawares una cantidad por pieza, por cada cabellera de cada aborigen que caía abatido por su rifle. Al rifle añádanse el alcohol ponzoñoso, los sacos de harina de maíz mezclada con estricnina, el corte sistemático de aprovisionamientos, el exterminio de la fauna de los bosques y las praderas, la esclavitud del indio una vez abolida la esclavitud del negro, y otros sistemas complementarios del trágico silencio del indio, iniciado tras la rebelión de los otawas capitaneados por Pontiac y que se prolongó durante más de un siglo, hasta las guerras apaches. Y añádase también el exterminio por indigencia, que aún perdura. Una sola, estremecedora, estadística: en 1848, cuando comenzó la riada humana hacia California, vivían allí cien mil indios. Once años después, en 1859, quedaban vivos unos treinta mil. A finales de siglo, la población indígena californiana fue censada en quince mil «animales cobrizos con dos piernas», destinados a protagonizar la muerte de sus caricaturas en las llamadas reservas.

Un cronista de mediados del siglo XIX, Ralph K. Andrist, refirió las espeluznantes matanzas de indios por patrullas blancas y los refinamientos de los colonos de Montana, que acostumbraban a decapitar a los indios muertos, les sacaban la piel a tiras, metían las orejas en alcohol y en el cráneo pelado inscribían con hierro ardiente esta leyenda: «Por fin estoy en la reserva». El signo de que el cazador de indios no falsificaba el número de piezas cobradas en su nómina de indios asesinados, le obligaba, al presentarse a cobrar la soldada, a aportar como prueba una negra cabellera de indio ante la correspondiente oficina de pagos por servicios prestados. Los burócratas no entendían de edades de cabelleras humanas, por lo que tanto valía la de un niño, la de una mujer o la de un anciano, como la de un guerrero. Los codiciosos batidores entraban a saco en los poblados, exterminaban a todos sus habitantes, les cortaban la cabellera, atestaban con ellas sus sacos y desandaban el camino para recibir, a tanto por cabellera, lo prometido y ganado. En el filme *Camino de la venganza*, el explorador mestizo Joe Bass (Burt Lancaster) clama enloquecido, ante un esclavo negro que le acompaña en su cabalgada:

> BURT LANCASTER: ¡Cazadores de cabelleras! ¡Asesinos de ancianos, mujeres y niños! El Gobierno del territorio les paga por cada cabellera india que le entregan. ¡No hay un negocio más vergonzoso en todo el mundo!

Y, más adelante, en la misma película:

> ESCLAVO NEGRO: Yo acostumbro a comer todos los días.
>
> BURT LANCASTER: En algo se tiene que notar que no eres comanche.

En *Casta de guerreros*, de Sidney Salkow, el explorador Bob Parrish (Dale Robertson) se encuentra con un esclavo negro que camina tranquilamente en medio de un territorio dominado por los sioux en pie de guerra:

> BOB PARRISH: ¿Qué demonios hace un negro entre los sioux?
>
> ESCLAVO NEGRO: Me cogieron prisionero y me quedé con ellos.
>
> BOB PARRISH: ¿Cuál es tu nombre?

ESCLAVO NEGRO: *(Con orgullo.)* Ahora me llamo Esclavo Negro Escapado del Infierno Blanco.

BOB PARRISH: ¿Y antes?

ESCLAVO NEGRO: *(Con rostro avergonzado.)* Solo Sam.

El historiador H. H. Bancroft dice de la guerra de anexión de Texas «que fue un negocio premeditado e inspirado únicamente en la ley de la fuerza ... Los Estados Unidos emplearon toda su energía en buscar pretextos para robar a un vecino más débil una vasta extensión territorial. ¿Y con qué objeto? Para establecer allí la esclavitud». La exultante y colorista epopeya de la anexión de Texas —John Wayne fue escrupulosamente fiel en *El Álamo* (*The Alamo*, 1960) a esas categorías optimistas— estuvo íntimamente vinculada con las necesidades de reactivación del mercado de esclavos. De hecho, la anexión de dicho territorio fue acelerada a causa de una repentina baja del precio de los esclavos, para que la presencia de un nuevo y vasto territorio esclavista diera salida a los excedentes de negros e indios en venta que saturaban y paralizaban el mercado de carne humana. Antes de montar en la diligencia de Lordsburg (*La diligencia*) hay, frente al anuncio de que puede producirse un ataque de los apaches en el viaje, este debate entre los viajeros:

CURLY: ¿Cuál es el problema, teniente?

TENIENTE: ¡Gerónimo!

BUCK: ¿Gerónimo? ¡Yo no voy! ... Si hay algo que me dé cien patadas es conducir una diligencia por territorio apache.

CURLY: *(A Buck.)* ¡Tú, siéntate! *(Se dirige a los pasajeros.)* ¡Señores, ya han oído! ¡Buck y yo vamos a llevar la diligencia a Lordsburg, con pasajeros o sin ellos!

DALLAS: ¿Intentas asustarnos, Curly? ¡Sácanos de aquí! *(Mira hacia atrás, hacia los habitantes de la ciudad que esperan la partida de la di-*

ligencia. Hay una mueca de asco en su rostro.) ¡Hay cosas peores que los apaches!

El senador Doodridge, en la convención de Virginia que eligió a Taylor como candidato a la presidencia, lo había previsto: «La adquisición de Texas elevaría considerablemente el precio de los esclavos». Por su parte, el secretario de Estado de Taylor, Ushur, afirmó: «Si nos tocara la suerte, y espero que así sea, de adquirir Texas, el precio de los esclavos aumentaría», y Texas fue adquirida con escrupuloso respeto a la moralidad internacional, es decir, a tiros. He aquí, después de tal adquisición, las palabras de un tal Murphy, representante del Gobierno de Washington en el nuevo estado independiente de Texas: «La Constitución de Texas garantiza al amo el derecho perpetuo sobre el esclavo y prohíbe la compra de esclavos procedentes de cualquier parte, salvo de los Estados Unidos». A esto es a lo que Theodore Roosevelt llamaba de buena fe «ensanchamiento del área de libertad». En *El juez de la horca*, Roy Bean (Paul Newman) juzga, con su inimitable eficacia procesal, a un granjero:

ROY BEAN: ¡Contesta, perro! ¿Mataste al chino?
GRANJERO: Sí.
ROY BEAN: ¿Tienes algo que alegar antes de que te ahorque?
GRANJERO: Ninguna ley del territorio dice que esté prohibido matar a un chino.

Y en las lóbregas galerías de la cárcel donde se desarrolla *El día de los tramposos*, de Mankiewicz, así habla Missouri Kid (Burgess Meredith), con el mismo tono elíptico de Bean, del mismo innombrable asunto:

> MISSOURI KID: ¡Chino! ¡Eh, chino! Tú debes ser ese chino que retorció el pescuezo a otro chino en el ferrocarril. ¡Enhorabuena, chino! Si el cuello que retorciste hubiera sido el de un blanco, no vivirías para contarlo.

En la sesión de la Cámara de Diputados correspondiente al día 12 de enero de 1848, el senador Abraham Lincoln arremetió contra la política expoliadora de México del presidente James Polk con palabra enérgica e irónica, digna de entrar en una de las inimitables antologías de joyas del verbo *westerniano*:

> ABRAHAM LINCOLN: Si no contesta, me habrá convencido de lo que ya sospechaba: que el Presidente tiene conciencia de su propio error; de que él mismo siente que la sangre derramada en esta guerra, como la de Abel, está gritando en el Cielo contra la suya; de que envió al general Taylor a un lugar donde vivían pacíficos mexicanos para encender allí la guerra ... Nos hemos apropiado de más de la mitad del suelo mexicano, y ciertamente de lo mejor ... y el Presidente todavía insiste en que debemos mantener la nacionalidad de México. ¿Cuándo? ¿Después de que nos apoderemos de todo su territorio?

3

El gran desacuerdo

Si la epopeya migratoria es el relato del acuerdo —del tormentoso acuerdo— entre un pueblo móvil y su asentamiento territorial, el género cinematográfico y rito civil que conocemos con el nombre de western, nace, crea sus intrincadas leyes y finalmente las despliega sobre el supuesto contrario: la no existencia de tal acuerdo en la gigantesca empresa de la conquista de los territorios norteamericanos, primero, situados más allá de los montes Apalaches; después, más allá de las imprecisas demarcaciones de los países de Tennessee y Kentucky; y finalmente, ya en los comienzos del siglo pasado, más allá del gran padre río, del Mississippi. Por el contrario, el western es una compleja, esquinada y oblicua reconstrucción del gran desacuerdo existente entre las colectividades colonizadoras y los territorios del Oeste norteamericano (la «válvula de seguridad» enunciada por Franklin Delano Roosevelt) que los políticos del Este designaron para ellas con un puntero sobre el abismo vacío de un mapa en blanco, casi siempre narrada en forma de metáfora deslumbradora y enloquecida; o, si se quiere, de parábola irreal, atemporal, atrapada por la tela de araña de los sueños.

El desfalcador Gatewood, personaje villano de *La diligencia*, proclama:

> GATEWOOD: Lo que es bueno para un banco es bueno para los Estados Unidos.

Toda la historia del cine del Oeste está marcada por un espíritu —o antiespíritu— utilitarista no adecentado, e incluso a veces, de una explicitud situada en las proximidades de un cinismo casi impúdico. Dice James Stewart en *La última bala*:

> JAMES STEWART: Es la eterna historia del bien y del mal: si lo que tienes en el bolsillo te lo gastas en whisky, no te queda para el billete de vuelta.

Con más crudeza, Robert Ryan aconseja a Clark Gable en el filme *Los implacables* (*The Tall Men*, 1955), de Raoul Walsh:

> ROBERT RYAN: ¡Eh, amigo! Si en el Oeste se dedica usted a socorrer inválidos por el camino, créame: no llegará a ninguna parte.

Hay una secuencia en *Johnny Guitar*, en la que Joan Crawford (Vienna) reprocha a Sterling Hayden (Guitar) haber sacado impulsivamente su revólver en un mal momento:

> VIENNA: *(A Guitar.)* ¡Guarda ese revólver! ¡Yo diré cuándo tienes que usarlo!
>
> JOHNNY GUITAR: La patrona eres tú.
>
> VIENNA: *(Sonríe con un gesto de reproche.)* ¡No has cambiado, Johnny!
>
> JOHNNY GUITAR: ¿Por qué habría de cambiar?

VIENNA: En cinco años se aprenden cosas.

JOHNNY GUITAR: Hace cinco años te encontré en un *saloon*. Ahora vuelvo a encontrarte en otro. No veo cambio por ninguna parte.

VIENNA: Lo hay: este es mío.

El fantasma de la propiedad, la sombra del negocio como nudo dramático, flota incluso en medio del reencuentro apasionado, lleno de intenso lirismo, de dos antiguos enamorados locos. La generosidad de la aventura y el intento, siempre frustrado, de alcanzar su idealización es por ello una extracción del empuje materialista originario, escrita en claves poéticas encubridoras de su prosaísmo, pues incluso cuando se está explorando el despojado territorio del reino de la muerte, las cuentas deben estar claras entre los exploradores, gente práctica y positivista aun cuando se encuentran en la más extrema desesperación. Dice uno de los forajidos fugados, mientras atraviesan un mortal desierto, en *Cielo amarillo* (*Yellow Sky*, 1948), de William Wellman, como comentario a la muerte de uno de sus compañeros de cuadrilla, que ha caído abatido por las balas de los perseguidores:

FORAJIDO: Ha sido una desconsideración por parte de Slim dejarse matar. ¡Me debía cinco dólares!

En una escena de *La diligencia* se despiden para siempre dos entrañables amigos, enlazados por el recuerdo de miles de noches bañadas en alcohol, cada uno de ellos en el lado contrario de la barra de una cantina: el médico, indigente y borracho, Josiah *Doc* Boone, y el sobrio cantinero, Jerry. Son las últimas palabras que intercambian en sus vidas:

DOC BOONE: ¡Jerry!

JERRY: ¿Sí, *Doc*?

DOC BOONE: Admito, Jerry, que, hablando entre caballeros, no he sido económicamente rentable para ti. Pero ¿no crees que, ahora que me echan de la ciudad, y en memoria de nuestras juergas, podrías darme una botella a crédito?

En otro arquetipo de filme del Oeste, *Horizontes lejanos*, el forajido Arthur Kennedy soluciona así un conflicto laboral que estalla entre los feroces miembros de su banda:

ARTHUR KENNEDY: *(Desenfunda su revólver y apunta a uno de sus hombres soliviantados.)* ¡Suelta ese revólver!

FORAJIDO: ¿Es que no estás con nosotros?

ARTHUR KENNEDY: ¡No, sois vosotros quienes estáis conmigo! ... *(Más adelante se dirige a la muchacha, Laura, que ha presenciado la escena y que ignoraba hasta ahora que su novio fuera un pistolero.)* Siento que hayas tenido que oír esto.

LAURA: Yo, no. Ahora ya sé qué tipo de persona eres.

ARTHUR KENNEDY: No te precupes. En cuanto el dinero esté en mi poder, seré otro hombre.

Sin pudor alguno, el pistolero Arthur Kennedy soluciona una pasión mediante un caliente contrato a punta de pistola. Las conexiones nerviosas entre la utilidad y la sentimentalidad están al aire en la anatomía del western; se encuentran en carne viva y son visibles con una simple ojeada sobre la superficie de los comportamientos. Dos veteranos cazadores de búfalos vuelven, después de años de abandono, a las rutas que les conducen a la gran matanza de estos animales. Saben que esa matanza sembrará otra vez la semilla de la miseria y la muerte en las hambrientas tribus aborígenes. Estamos en una escena de la película *El último cazador*, realizada por Richard Brooks. Hablan Lloyd Nolan y Stewart Granger:

> LLOYD NOLAN: ¿Por qué vuelves a esta carnicería?
> STEWART GRANGER: Por dinero.
> LLOYD NOLAN: Ese dinero te traerá remordimientos.
> STEWART GRANGER: Remordimientos ya tengo. Lo que no tengo es dinero.

Las tripas utilitarias de la esforzada y —aunque por dinero— generosa hazaña que Burt Lancaster lleva a cabo en *Los profesionales*, son abiertas de un tajo por él mismo, cuando rectifica con sequedad la ingenuidad de un compañero, que cree estar allí arrastrado por la buena razón de una aventura visionaria, que va más allá de la violencia y suciedad de los actos que acarrea su cumplimiento:

> BURT LANCASTER: La dinamita, y no la fe, es lo que mueve las montañas. En eso consiste todo.

John Wayne, en una escena de *Eldorado*, dispara sobre un fanfarrón pistolero, desarmándolo con fulminante precisión y rapidez. Estamos en el ámbito mágico y electrizado de una cantina *westerniana*, de un *saloon*, en el que ahora flota una leve nubecilla azul con perfume de pólvora quemada. Otro pistolero, el calmoso Nelse McLeod, que ha observado fría y atentamente la escena, extrae, con el mismo desalmado empirismo que Burt Lancaster en la escena anterior, sus propias conclusiones del suceso que acaba de contemplar:

NELSE MCLEOD: Dicen que la fe mueve montañas, pero no hace lento a un gatillo tan rápido como ese. *(Se dirige a John Wayne.)* ¡Oiga, amigo, solo hay tres hombres capaces de disparar con tanta rapidez como usted! Uno está muerto. El otro soy yo. Y el tercero, según tengo entendido, es un tal Thornton. ¿Cómo se llama usted, amigo?

JOHN WAYNE: Thornton.

En el desierto almeriense de *El bueno, el feo y el malo* (*Il buono, il bruto, il cattivo*, 1966), de Sergio Leone, vemos y oímos —en el western la coincidencia entre el hacer y el decir es tan absoluta que cada palabra es por sí misma un hecho— este reparto práctico de las tareas humanas:

PISTOLERO: El mundo se divide en dos, Tuco: los que encañonan y los que cavan. El revólver lo tengo yo, así que ya puedes coger la pala.

Mientras tanto, en un alto del largo camino de *Fiebre de venganza* (*Gun Fury*, 1953), de Raoul Walsh, oímos esta sutil y pragmática obviedad:

LEE MARVIN: Acamparemos aquí. Los caballos tienen que descansar.

PHIL CAREY: ¿A cuánto estamos de México?

LEE MARVIN: Saber eso no ayudará a los caballos.

Y en otro alto del intrincado itinerario anímico que Anthony Mann despliega en los meandros de su *Winchester 73*:

CANTINERO: *(Después de que un forajido ha formado un inesperado alboroto en su local.)* ¡No has debido hacer eso, Dutch! Mi local es decente. La casa invita antes de que salgas por esa puerta.

DUTCH: ¿Quién ha dicho que me voy a ir?

CANTINERO: *(Saca un rifle de detrás de la barra de la cantina.)* ¡Lo averiguarás cuando te hayas ido!

Sellar el pacto de un negocio puede discurrir en el western por formidables curvas elípticas. En *El rostro impenetrable* (*One Eyed Jacks*), realizada en 1961 por Marlon Brando, este, que interpreta a un individuo misterioso, pétreo, calmoso, lacónico y distante, es abordado por el locuaz Ben Johnson, que encarna a un atracador en paro y con quemazón en el dedo de apretar el gatillo:

BEN JOHNSON: ¿Es usted ese al que llaman Río?

MARLON BRANDO: Sí.

BEN JOHNSON: A catorce días de aquí hay una ciudad y en ella un banco. Su caja fuerte es de cartón. ¿Le interesa atracarlo conmigo?

MARLON BRANDO: No.

BEN JOHNSON: Se rumorea que anda usted detrás de un antiguo socio suyo, Dad Longstreet, para ajustarle las cuentas. Pues verá, amigo: resulta que ese antiguo socio es el *sheriff* de esa ciudad. ¿Le interesa ahora mi oferta?

MARLON BRANDO: Sí.

Y, con dialéctica no menos infalible, así solventa James Stewart en *Horizontes lejanos* las reticencias de un grupo de mineros a trabajar para él:

JAMES STEWART: ¿Queréis o no queréis hacer el trato?

MINERO: No.

JAMES STEWART: *(Saca el revólver, dispara y hace añicos la pipa que el minero tiene en la boca.)* ¿Así que no queréis?

MINERO: ¡La ley no permitirá que te salgas con la tuya, McLintock!

JAMES STEWART: *(Sitúa su revólver en posición de disparo.)* ¿Qué ley?

MINERO: Trato hecho.

Los contratos —siempre verbales— de arrendamientos de servicios pueden adquirir en el western enrevesadas soluciones expeditivas, de insondable practicidad. Por ejemplo, en *Veracruz*, realizada en 1953 por Robert Aldrich, el forajido Joe Erin (Burt Lancaster) ofrece los servicios de su partida a un general mexicano que busca mercenarios en el otro lado de la frontera. Uno de sus hombres, Charlie, apoyado por otro llamado Ben, no tiene el mismo punto de vista del negocio que Joe Erin:

JOE ERIN: *(Señala a la fila de forajidos que tiene detrás.)* Tengo quince hombres, general.

CHARLIE: *(Se adelanta de la fila.)* ¡No estoy de acuerdo! Estos siete hombres de aquí son míos, así que nosotros somos ocho y vosotros solo sois siete. Si va a haber fuegos artificiales, yo dirijo el espectáculo.

BEN: *(Se adelanta de la fila y se sitúa junto a Charlie.)* ¡Yo estoy de acuerdo con Charlie!

JOE ERIN: *(Sonríe, saca el revólver y mata a los dos discrepantes. Dirige la mirada, con la pistola como tercer ojo, al resto de los forajidos.)* ¿Alguno más está de acuerdo con Charlie? *(Nadie responde. Enfunda el revólver y se vuelve hacia el general mexicano, que asiste impávido a la escena.)* Tengo trece hombres, general.

Es un sujeto práctico, ese comerciante de forajidos a sueldo llamado Joe Erin. Su colega Donergan (Ernest Borgnine) sabe apreciarlo en todo su valor. Señala admirado a Gary Cooper y comenta a uno de sus cuatreros, con los ojos encendidos por la sospecha y la admiración:

DONERGAN: ¡Cuidado con ese tipo! ¡Le robó un caballo a Joe Erin y todavía vive!

El despiadado utilitarismo del hombre del western puede hacer girar la brújula de los comportamientos desde las zonas más turbias de la picaresca a las de la más limpia heroicidad. Estamos otra vez en los rectos dibujos lineales de *Estación Comanche*, de Budd Boetticher. Coby y Lane, cercados por una banda de invisibles comanches hostiles, discuten en voz baja de estrategia:

LANE: Cruzar ese valle a campo abierto es suicida, Coby.
COBY: Si llego al otro lado, seguidme.
LANE: ¿Y si no llegas?
COBY: Id por la montaña.

Y no menos rotunda lógica utilitaria es la que destilan las malas pulgas del tahúr profesional que interpreta Robert Mitchum en *El póker de la muerte* (*Five Card Stud*, 1968), de Henry Hathaway, cuando, en medio de una partida, aplaca, molesto por su conducta, a dos engallados contendientes que tienen una de esas inoportunas divergencias que en el western despiertan siempre la electricidad ambiental que precede a los tiroteos:

ROBERT MITCHUM: Si un jugador se lía a tiros durante una partida, lo único que consigue es no jugar.

O esta escena de la película *Ataque al carro blindado* en la que asistimos a la confraternización entre el pistolero Lommax (Kirk Douglas) y el pistolero Jackson (John Wayne), dos fervorosos practicantes de la caza del hombre por el hombre que, con su fardo de tenderos ambulantes a cuestas, ya son consumados expertos en la tasación en dólares de los soplos de la vida y de la muerte ajenas, livianos como el aroma de la pólvora quemada.

> KIRK DOUGLAS: *(Lee un cartel de «Se busca».)* Han subido la oferta. Ahora vales doce mil dólares muerto, Jackson.
> JOHN WAYNE: Y cien mil vivo, Lommax.
> KIRK DOUGLAS: La primera es más segura, Jackson.
> JOHN WAYNE: No hay nada seguro en este mundo, Lommax.

Cuando en el western se mueve el dinero, la sangre se mueve. Por consiguiente, en el momento que el dinero asoma conviene tomar precauciones, y un buen buen ejemplo de ello son las que toma el *city-marshall* Bat Masterson (Joel McCrea) ante la caja de caudales de su oficina en *El sheriff de Dodge City*, película realizada por Joseph M. Newman:

> JOEL MCCREA: *(Mientras cierra la caja de caudales ante la visita de un conciudadano.)* No es que no me fíe de usted, señor Curly. Es que la caja está llena.

El hombre del western siempre extrema su afinado aparato precautorio, a la manera esquiva de Bat Masterson: vive sobre aviso, casi condicionalmente. De ahí procede la meticulosidad, el sumo cuidado con que pisa el terreno que pisa. Toma precauciones en cuanto aparece el dinero, pero también en cuanto aparecen la mujer, el indio, el tipo desconocido que llega a la ciudad, el conductor de ganado, el rayo, el *sheriff,* el militar o la riada. Su moral de hombre precavido, de negociante nato metido en hazañas cuyos alcances y proporciones se le escapan a su condición de individuo común, puede incluso derivar, con insolencia blasfema, hacia una caricaturesca lección de teología: el buen Dios sabe, según él, captar la lógica de su pragmatismo, fabricada a prueba de todo espíritu. He aquí, como ejemplo, una síntesis telegráfica de la oración fúnebre que el predicador y proxeneta David Warner dedica a su recién fallecido amigo Jason Robards, en *La balada de Cable Hogue* (*The Ballad of Cable Hogue*, 1970), de Sam Peckinpah:

> David Warner: ¡Oh, Señor, mi Dios! Te pido que acojas en tu seno el alma de tu siervo, el difunto Cable Hogue ... Cable Hogue vivió y murió en este desierto y por eso el infierno le será familiar, caso de que decidas enviarle allí. Pero si, en tu infinita misericordia, decides llevarle contigo a tu lado, ¡oh, Señor!, no digas después que no te advertí: ¡Toma precauciones!

El western es un canto idílico a un acto de rapiña, la exaltación de una usurpación y la expresión en lenguaje heroico de un comportamiento mercantil a ras de suelo, una rastrera historia de granjeros y tenderos contada con cadencias de nueva *Ilíada*, a veces solemnes y a veces burlonas. De ahí nace un primer desacuerdo en las interioridades del cine del Oeste: el que estalla dentro de las extrañas inconsecuencias de su verbo y que es la fuente tanto de su fuerza dramática como de lo contrario, de su ironía escéptica, algo que conduce a sus oficiantes a dominar, como ningunos otros, el habla elíptica y el siniestro regate jurídico de los comeciantes en muertes. El *sheriff* Robert Mitchum, que necesita la ayuda de un pistolero competente, intenta atraer a su bando a John Wayne. Nos encontramos de nuevo en una escena de la película *Eldorado*:

> ROBERT MITCHUM: ¿En qué bando estás, Thornton?
>
> JOHN WAYNE: Todavía no me he decidido, John Paul.
>
> ROBERT MITCHUM: ¿Te gustaría trabajar para mí?
>
> JOHN WAYNE: No, si puedo evitarlo.
>
> ROBERT MITCHUM: ¿Trabajarás entonces para Jason?
>
> JOHN WAYNE: Me ofreció una buena paga, pero no me dijo para qué me la ofrecía. ¿Te gustaría que trabajase para él?
>
> ROBERT MITCHUM: No, si puedo evitarlo.

En *Silverado* (1985), de Lawrence Kasdam, un cuatrero llama a gritos a un forastero recién llegado a la ciudad:

> CUATRERO: ¡Baxter! ¡Eh, Baxter! ¡Por fin has llegado, Baxter! Llevo dos días seguidos esperándote. Esto es un mal comienzo.
>
> FORASTERO: Efectivamente, amigo, es un mal comienzo. Yo no me llamo Baxter.

Y, en *El último cazador*:

> LLOYD NOLAN: ¿Que MacKenzie es el mejor cazador de bisontes del territorio? Usted podría ser, amigo, el tipo más mentiroso de Dakota, si no existiera yo, que soy el mejor desollador de bisontes de este territorio.

Y, en *El sheriff de Dodge City*:

> PREDICADOR: *(Al frente de una comisión de ciudadanos.)* Masterson, venimos a proponerle que presente su candidatura para *sheriff* de la ciudad.

JOEL MCCREA: ¿Pretenden ustedes limpiar de borrachos a Dodge City y eligen para hacerlo al dueño de un bar? ¡No me interesa el cargo!

JOHN MCINTIRE: Hace usted bien, Bat. Seguro que habría ganado las elecciones.

De nuevo bebemos en el manantial de la gran secuencia que abre el torrente trágico de *Johnny Guitar*. La cuadrilla de forajidos al servicio del autoritario ganadero McIvers se enfrenta, en la cantina de Vienna, a la banda de cuatreros de Dancing Kid, el pistolero bailarín. En el momento más tenso, cuando las pistolas están ya a un instante infinitesimal de brincar fuera de las fundas, se interpone entre los dos grupos hostiles la figura gigantesca, socarrona y serena de un desconocido, Johnny Guitar, el pistolero guitarrista, que observa los culebreos del arco voltaico del enfrentamiento entre las dos bandas e interrumpe la tensión, mientras bebe con flema una taza de café en la barra del bar:

JOHNNY GUITAR: *(A Dancing Kid.)* ¿Tiene usted un cigarrillo, amigo? *(El pistolero, sorprendido por la interrupción, da un cigarrillo a Johnny Guitar. Este, con el cigarrillo en la mano, se dirige a McIvers.)* ¿Me da fuego, amigo? *(El ganadero enciende con una cerilla el cigarrillo y Guitar da con fruición una bocanada profunda.)* ¡No hay nada mejor que un cigarrillo y una taza de café! Hay hombres que padecen la fiebre del oro, o la del dinero. *(A McIvers.)* Otros lo único que quieren son tierras y ganado. *(A Dancing Kid.)* Y otros que tienen debilidad por el whisky y las mujeres. Pero ¡lo único que de verdad necesita un hombre es una taza de café y un cigarrillo!

MCIVERS: ¿Quién es usted?

JOHNNY GUITAR: Me llamo Guitar, Johnny Guitar.

DANCING KID: *(Provocativo.)* ¡Eso no es un nombre!

JOHNNY GUITAR: *(Irónico.)* ¿Quiere usted cambiármelo?

VIENNA: *(El diálogo comienza otra vez a tensarse, e interviene Vienna en tono de reproche a Guitar.)* ¡Cuando contrato a un guitarrista es para que toque la guitarra en mi local, no para que insulte a mis clientes!

JOHNNY GUITAR: Si sus clientes son estos, no estoy seguro de que el trabajo me convenga.

VIENNA: Habla usted con demasiada arrogancia, para ser un hombre que no lleva armas.

DANCING KID: Y además tiene malos modales.

JOHNNY GUITAR: ¡Apuesto a que usted es Dancing Kid!

DANCING KID: Ese es mi nombre. *(Irónicamente.)* ¿Quiere usted cambiármelo?

JOHNNY GUITAR: Así que usted es el Bailarín. ¿Sabe usted bailar?

DANCING KID: Así que usted es el Guitarrista. ¿Sabe usted tocar?

Un bordado de fanfarronerías irónicas encubre un bronco debate en torno a la propiedad de un pedazo de tierra desértica y maldita. El bastidor donde se teje la aventura del western es el tortuoso y sangriento proceso de formación de la propiedad privada rural en los vastos territorios situados al oeste del río Mississippi y, en este proceso, el gran mito mosaico de la Tierra Prometida adquiere la configuración casera de una leyenda de granjeros, cuyo extremo más espectacular y violento lo encontramos en la fantástica nube de polvo que levantaron los carromatos de un ejército de harapientos campesinos en desbandada, cuando se abrió ante ellos la loca carrera de la ocupación de tierras sin dueño en la legendaria Franja Cherokee del territorio de Oklahoma. El verdadero dueño de aquellos inmensos espacios, el hombre de la piel roja, ya había sido casi enteramente exterminado; y, al mismo tiempo que el hombre blanco tomaba posesión de sus seculares dominios, los pocos supervivientes de las tribus eran dispersados a lo largo de regueros humanos innumerables y silenciosos que les conducían a sus reservas, primera forma histórica del campo de concentración. *El gran combate*, de John Ford, es la estremecedora historia de una de esas melancólicas riadas humanas hacia el exilio interior.

El sorprendente acontecimiento de la carrera sin frenos hacia la Tierra Prometida de Oklahoma —una imagen que no cabe en las oquedades de ninguna pesadilla— fue narrado, además de en *El chico de Oklahoma* (*Oklahoma Kid*, 1939) de Lloyd Bacon, en las dos versiones de *Cimarrón*; la primera de ellas, realizada por Wesley Ruggles en 1931 y la segunda, por Anthony Mann en 1961. Pero el verdadero comienzo de la desquiciada y frenética estampida humana hacia las tierras desocupadas de aquel nuevo territorio hay que buscarlo, retrocediendo por los canales fantasmagóricos de la médula del tiempo, hasta un siglo más atrás, en el tintero con el que se escribieron los renglones torcidos de la Constitución de los Estados Unidos; es decir, en los pliegues y repliegues de la mentalidad de quienes la redactaron, los Padres de la Patria Americana, a quienes el historiador Richard Hofstadter describe como «hombres de negocios, granjeros, inversionistas, especuladores, para los que el concepto de libertad no estaba ligado al de democracia, sino al de propiedad. [De ahí] que las tradiciones norteamericanas adolezcan de un marcado prejuicio en favor de una democracia basada más en la codicia que en la fraternidad». En el guión de *Furia* (*Fury*, 1936), primer filme norteamericano del vienés Fritz Lang —y uno de los más grandes westerns de paisaje urbano contemporáneo— está escrita la siguiente conversación, que tiene lugar en una tregua mañanera de los sillones de una barbería:

> BARBERO: ¡Tengo que decírselo, profesor! Si los jóvenes genios como usted siguen intentando atestar la cabeza de nuestros hijos en la escuela con sus ideas radicales, nosotros, los padres, tendremos que pedir que se haga una ley que les calle la boca.
>
> PROFESOR: *(Riendo.)* No es posible en este país hacer una ley que prohíba a nadie decir lo que piensa. Al menos, en tiempos de paz.
>
> JORGENSEN: ¿Quién dice eso?
>
> PROFESOR: ¡La Constitución de los Estados Unidos!
>
> BARBERO: Deberías leer la Constitución uno de estos días. ¡Te llevarías algunas sorpresas! Yo tuve que leerla por fuerza, para que me concedieran la nacionalidad americana. Pero tú no la has leído, porque naciste aquí.

La cáustica conversación fue íntegramente suprimida por la censura, hecho que dio, sin proponérselo, entera razón a su ácido contenido, pues, en realidad, el espíritu de la Constitución de los Estados Unidos alimentó, desde la trastienda de la Historia, otro desacuerdo de los muchos que esconde el conflictivo subsuelo del western: decenios después del acto constituyente, en el interior de una caravana de emigrantes campesinos en busca de tierras, ya había crecido la semilla de la futura rivalidad entre pionero y pionero; una rivalidad cuya extensión limita con el borde oriental del infierno, tal como aclara con sequedad Burt Lancaster a Claudia Cardinale en una lacónica esquina del río verbal de *Los profesionales*:

> CLAUDIA CARDINALE: ¡Váyase al infierno!
>
> BURT LANCASTER: Sí, señora. Ya estoy en camino.

La huella de la caravana es el recorrido ritual de un itinerario fabulado por mentes utilitarias, con hilo telegráfico conectado a los ecos del gran abismo; y su recorrido es un itinerario trazado por un dedo índice que apunta hacia los confines del horizonte, tras el cual engrasan sus arrestos un grupo de desesperados en busca de la última esperanza. El western persigue con su cámara a la esforzada apertura de rutas humanas sobre una naturaleza inexplorada, abstracta y en cierta manera inventada; y es este gesto retórico del pionero lo que llena de vacío las zonas en blanco de los mapas políticos. Sin embargo, en el interior de este sublime esfuerzo nace otra pulsión demente, pero de signo contrario, que destruye a la anterior: el final del itinerario desintegra las fuerzas que hicieron posible recorrerlo. Medio y fin, que hasta entonces habían segregado en el interior del grupo itinerante destellos de armonía y de acuerdo, se crispan y contraponen: tal es el sentido de un segundo desacuerdo.

En el western, al mito, al acorde y a la imagen de la caravana de pioneros en busca de la Tierra Prometida, sucede cronológicamente el mito, el acorde y la imagen de la cerca, que es el rasgo visual distintivo de la Tierra Poseída: detrás del vendaval optimista de *Cimarrón* sopla el huracán pesimista de *Duelo al sol,* película realizada por King Vidor y, en una pequeña parte, por Joseph von Sternberg. El hombre de la caravana, abierto por la codicia de su hambre a la vivencia efímera de la solidaridad, contiene, aunque todavía inhibido, al hosco propietario rural, un sujeto insolidario, un torvo y desconfiado feudal cerrado, acorralado incluso, sobre sí mismo y su tierra, convertidos los linderos de esta en una prolongación extremadamente sensible de su sistema nervioso. En la citada *Duelo al sol,* y posteriormente en *La pradera sin ley* (*The Man Without a Star,* 1955), King Vidor es probablemente el cineasta que más y mejor ha ahondado en lo que hay detrás de la perturbadora imagen de la cerca.

Cuando la caravana se detiene, el colono desciende a la tierra y la toma para sí. Su asentamiento en ella adquiere entonces las formas solemnes de un acto de acatamiento religioso: el pionero baja de la carreta, mira asustado a su alrededor, curva su cintura hacia delante, agarra un puñado de polvo, se arrodilla y reza; o, como Scarlett O'Hara en la secuencia final de la primera parte de *Lo que el viento se llevó* (*Gone with the Wind*, realizada en 1939 por George Cukor, Sam Wood, William Cameron Menzies y Victor Fleming) reza al revés; es decir, blasfema. El camino ha sido tan dificultoso y tan largo, que el hombre de la caravana ha perdido en él no solo su identidad, sino incluso el recuerdo del punto de partida, razón por la que, quien ha alcanzado la meta, quien ha logrado traspasar la frontera de la Tierra Prometida y ha llegado ante la evidencia de la Tierra Poseída, no está dispuesto a abandonar por ningún precio su posesión. Armado hasta los dientes, ante la tropa de sus enardecidos vaqueros, el ranchero feudal McCanles, que Lionel Barrymore interpreta en *Duelo al sol*, proclama a gritos:

> LIONEL BARRYMORE: ¡Muchachos, oídme! ¡Me propongo defender Pequeña España a tiros! ¿Quién de vosotros no me sigue?

El descomunal esfuerzo del traslado a través de la astronomía de un continente conduce, en el alma del pionero, exprimida como un trapo sucio, a la formación de un sentimiento y una idea de la propiedad rural caracterizado por su fiera agresividad, y es esta agresividad, acumulada en el corazón de quien la ha clavado poste a poste, lo que otorga un perfil inquietante de trinchera al inocente entramado de la cerca. La tierra, antes intacta, es ahora parcelada, y esta delimitación apunta a un objetivo preciso: su defensa. Al final de la hazaña colectiva del viaje, el colono, degradado de héroe épico a pelele trágico, se atrinchera; o, más exactamente, adopta para ordenar su vida ordinaria la medida de lo excepcional, por lo que recurre a la lógica de la guerra para extender su idea de paz. Así es cómo el último tramo del gran itinerario colonizador conduce a la identificación entre propiedad privada y violencia. La poesía del western desentierra sin piedad los escabrosos fondos salvajes que horadan las formas civilizadas. Dice el ranchero McCanles (Lionel Barrymore), en *Duelo al sol*, a su hijo Jesse (Joseph Cotten):

> LIONEL BARRYMORE: ¡Granjeros! ¡Esos miserables que destrozan las grandes praderas con sus cercas y alambradas!
>
> JOSEPH COTTEN: ¿Dispararías contra hombres desarmados?
>
> LIONEL BARRYMORE: ¡Como contra ratas, si se les ocurre atravesar los límites de mi propiedad!

McCanles-Lionel Barrymore no es ningún energúmeno aislado. No hace otra cosa que aplicar a sus alambradas, como hacen sus colegas, las consecuencias del título de propiedad teologal que Spencer Tracy musitó en *Mar de hierba* y que Lee J. Cobb grita en *Valor de ley*, de Hathaway:

> LEE J. COBB: ¡Esta tierra la ganamos a tiros, Price! ¡Y por lo tanto solo la perderemos a tiros! ¡Está sembrada de muerte!

Un tercer desacuerdo estalla ahí. La creación de la propiedad privada rural no es en el western un suceso pacífico, sino todo lo contrario, un *casus belli*. La cerca es la expresión extrema de la violencia que se concentra en el corazón de quienes viven tras ella, de la misma manera que la alambrada de espinos es la expresión extrema de la cerca. Una vez establecida, la propiedad ha de defenderse contra la propiedad. El colono, que caminó codo con codo junto al colono, ahora se enfrenta a él y en su enfrentamiento la sangre está pronta para saltar a flor de piel, porque ninguno de los dos colonos ahora enfrentados renuncia a los beneficios alcanzados por un esfuerzo tan colosal como el que protagonizaron montados sobre el pescante de sus carretas. La cerca y, sobre todo, la alambrada de espinos adquieren en este marco el valor de signos premonitorios de un conflicto civil insoluble; o, mejor dicho, soluble únicamente a tiros. Por ahí asoma la mirada fruncida de un cuarto desacuerdo: la armonía inicial perece en el final ahogada en un baño de sangre.

Con el propietario rural nace el hombre que traslada sus productos a las ciudades. El primer producto es el alimento; el primer alimento es la carne y la primera carne es la de la vaca. Entran así en el reino del western dos de sus reyes mayores: el ganadero y el vaquero, o *cowboy*. Este último es poco más que un mísero abastecedor de opulentas y remotas tiendas atlánticas, un individuo de alma inmóvil, que disfraza la sordidez de su existencia detrás de la figura gallarda del mito del centauro, del hombre semicaballo. Nuevo desacuerdo: el existente entre la fachada y la trastienda de ese mito. Recordemos que el parco en palabras Gary Cooper lo dijo de un solo latigazo en *El vaquero y la dama* (*The Cowboy and the Lady*, 1938) de H. C. Potter:

> GARY COOPER: Los vaqueros solo somos medio humanos.

El agricultor, el granjero, concentra su esfuerzo sobre pequeñas extensiones de terreno verde y húmedo; mientras tanto, el ganadero distiende el suyo sobre grandes extensiones de tierra abundante en amarillos pastos secos. El primero necesita el agua para fertilizar sus bancales sembrados; el segundo, para calmar la sed de sus reses. El primero la necesita continuamente y en pequeñas cantidades; el segundo, periódicamente y en grandes volúmenes. Surge de esta diferencia de ritmos de consumo de agua un quinto desacuerdo, materializado en el manantial, en el abrevadero. El hombre de la tierra distendida y el hombre de la tierra concentrada, situados cada uno en las orillas opuestas de un simple charco, gentes que caminaron enlazados mirando ilusionados el fondo del horizonte en la rectitud de la caravana, se miran ahora por primera vez las caras; por primera vez conocen mutuamente el color de sus ojos y descubren que en ellos brilla, como una brasa, la luz de la enemistad. De esta mirada, del enfrentamiento sin vuelta atrás entre el agricultor y el ganadero, surge, no ya de manera premonitoria, sino con olor a pólvora quemada, el estruendoso desmoronamiento de la armonía civil soñada.

El relato de este desmoronamiento es uno de los rasgos medulares del western. Un misterioso pistolero llamado Shane, que Alan Ladd interpreta en *Raíces profundas* —un hombre que está de vuelta de todas las esquinas oscuras del Oeste, pero que se ha establecido ahora como bracero ocasional en una granja acosada por ganaderos—, entra en la cantina del poblado, frecuentada por los vaqueros. Uno de estos, interpretado por Ben Johnson, observa, sentado junto a otros colegas, al novato agricultor y dice a los contertulios con calculada insolencia:

BEN JOHNSON: *(Al cantinero.)* ¡Te tengo dicho, Tom, que no me agrada el olor a cerdo mientras bebo!

ALAN LADD: *(También al cantinero.)* Deme una gaseosa. *(Risas de los vaqueros.)*

BEN JOHNSON: *(Envalentonado por el encargo de Shane, se dirige a él.)* Oiga, destripaterrones, ¿a qué quiere que le convide: a limón o a fresa?

ALAN LADD: *(Vuelve la mirada, desde la barra donde está acodado, a Ben Johnson, mientras los otros vaqueros ríen burlonamente.)* ¿Se dirige usted a mí?

BEN JOHNSON: No veo ningún otro labriego por aquí ... Mirad, muchachos, quién nos visita: el nuevo rústico, el que se emborracha con gaseosa.

VAQUERO: Yo me voy de aquí.

BEN JOHNSON: ¿Te asustan los labriegos?

VAQUERO: No. Es que soy supersticioso.

Las praderas y valles del Oeste tienen un subsuelo rico en vetas de agua. Las lluvias que anuncian la llegada de la primavera se cuelan por entre las grietas de las sequías y depositan su carga de oro transparente bajo el suelo, en estratos accesibles a los taladros de la obstinación del granjero, y quien recorrió el universo horizontalmente, ahora penetra en sus entrañas verticalmente. El agricultor sustituye el abrevadero natural por el pozo; o, si tiene suerte en el buceo de las entrañas de la tierra, por la mina. Se produce entonces una tensa paz como consecuencia de este hallazgo; pero se trata tan solo de una paz pasajera, de una tregua. Las reses de los imperios ganaderos, con los abrevaderos naturales por fin solo para ellos, se multiplican y han de salir en busca de los puntos de embarque —las turbulentas ciudades ganaderas, como Tombstone, Dodge, Wichita o Abilene— hacia los abstractos mataderos del remoto Este, y el hombre que llegó a las praderas sobre las rutas abiertas por las caravanas, desanda ahora el camino hacia el punto de arranque. Partió de él, bajo el sol, conduciendo a unas bestias de tiro, y ahora retorna dirigiendo, bajo las estrellas, a otras bestias apiñadas, a una manada de reses.

La manada es otro de los grandes iconos del western y la expresión visual de la existencia de un sexto desacuerdo entre el hombre del Oeste y la tierra del Oeste. Las reses, durante el camino de retorno al punto de partida, necesitan comer y beber para, en el mejor de los casos, no perder un peso que encogería su valor en los mercados del Este. Su traslado requiere, por consiguiente, abrevaderos y pastos de tránsito, zonas secas y zonas umbrías que invadir, arrasar y abandonar en los movimientos de alto en el camino. Pero estas zonas, amarillas o verdes, han sido ya ocupadas por otros colonos y parceladas con nuevas cercas que impiden el paso de las bestias en ruta. La manada, hambrienta y sedienta, enloquece y de su locura surge un nuevo icono *westerniano*: la estampida, el huracán asolador de miles de animales en fuga loca. El instinto arrastra a las reses desatadas hacia el pasto, hacia la sirga, hacia el río, hacia la fuente; pero el agricultor, conocedor apesadumbrado de los arrebatos devastadores de la manada sin riendas, ha interpuesto una alambrada de espinos entre el olfato de las reses y los frutos de su tierra. Los animales, ciegos, se estrellan contra las púas de la cerca metálica y sobre ellas se desgarran, desangran e incluso perecen. Dos formas de propiedad se niegan y excluyen recíprocamente y el desacuerdo vuelve, una vez agotado el tiempo de la efímera tregua, a adquirir el tinte rojo de la sangre derramada.

El dueño de la manada, el aprendiz de Dios, el ganadero feudal, y su emisario conductor de las bestias, el centauro *cowboy*, son por ello enemigos sin cuartel del granjero. El legendario trabajo del *cowboy* es en realidad sucio, tedioso y rutinario. Por un lado, está estrechamente vinculado a los malos humores de la naturaleza; y, por otro, a las oscilaciones de un mercado fantasmal, inalcanzable, situado en algún lugar de lo que para él, eje de la cosmogonía del *Far West*, es el *Far East*. El oficio de vaquero es por ello contradictorio y engendra, en quienes lo ejercen, un desdoblamiento de la conciencia que necesita de justificaciones balsámicas. Estas justificaciones, como todas las ideologías contrahechas, se entrecruzan anárquica y airadamente en la mirada del centauro aburrido y le hacen ver al mundo que le rodea a través de cristalizaciones de mitos o contramitos que se le aparecen como emanaciones hostiles del suyo propio. Los dos grandes mitos en que el *cowboy* plasma sus aversiones son el ya citado de la estampida o desbandada y otro más: el mito del ovejero o del pastor.

Uno y otro no son más que manifestaciones iconográficas de pugnas competitivas de tipo utilitario; formulaciones, con sabor arcaico de leyenda, de las leyes inmediatas de la rentabilidad; derivaciones poetizadas de una nada poética rivalidad mercantil. La estampida es una ingobernable escaramuza de los dioses menores en la cosmogonía *westerniana*. Nunca falta una atronadora estampida en los filmes del Oeste que cuentan con alguna minucia las rivalidades intestinas entre los feudos de los ranchos y las granjas. Por su parte, leyendas como las que hacen del cabrero o del pastor de ovejas un portador de la muerte de la fertilidad de la tierra, son excrecencias ideológicas destinadas a justificar el predominio del ranchero y el *cowboy* en la economía de la pradera. Si la estampida sumerge a las reses en una indócil tormenta de polvo, el dócil rebaño de ovejas arrasa las raíces de los pastos y estos no vuelven a crecer por donde aquel pastorea. Como ecos recíprocos, el vaquero William Holden y el ganadero Karl Malden exclaman en *Dos hombres contra el Oeste* (*Wild Rovers*, 1971), de Blake Edwards:

> WILLIAM HOLDEN: ¡Algo apesta aquí, Ben! ¡Huele a oveja!
>
> ...
>
> KARL MALDEN: ¡Te diré algo más: si vuelves a poner uno solo de tus pies en mi rancho o una de tus ovejas se come una sola de mis hierbas, eres hombre muerto!

Jubal, película realizada en 1956 por Delmer Daves, expone ambos mitos o contramitos como derivaciones colaterales e inconscientes de un esfuerzo insatisfactorio, como es el del *cowboy*, un esfuerzo que enardece la fascinación por la violencia en quien lo ejerce. Entremos de nuevo en el filme *El sheriff de Dodge City* y oigamos una conversación rutinaria entre el médico y el cantinero del lugar, situados en un porche, junto a una acera despoblada de la legendaria ciudad ganadera:

> CANTINERO: ¿Qué día es hoy, Doc?
>
> MÉDICO: Sábado.
>
> CANTINERO: ¿Y qué hora es, Doc?
>
> MÉDICO: Las doce.
>
> CANTINERO: ¡Qué raro! ¡Un sábado, a las doce, y aún no ha empezado ningún tiroteo!

El *cowboy* es violento porque su trabajo es violento; o, más aún, es la violencia misma. Para el *cowboy*, matar a un provocador de estampidas o a un pacífico ovejero no es un crimen, sino un acto laboral lícito aunque no esté legislado; o tal vez precisamente porque no está legislado: un signo no escrito de competencia profesional, de identidad del hombre con su tarea y, por consiguiente, una expresión coherente de la absurda incoherencia de esa tarea. De ahí que, en el horizonte de la mitología o contramitología del *cowboy*, asome la joroba un séptimo desacuerdo: la proverbial alegría del vaquero no es otra cosa que la expresión con tinta blanca de una negra infelicidad, cuya existencia incluso él mismo ignora. La locuaz alegría del hombre errante en las ilimitadas praderas no es más que la perorata expansiva de un paria monomaníaco, herido el camino que hay bajo los cascos de su caballo por las raíces melancólicas de la memoria del genocidio. En *El gran Jake* (*Big Jake*, 1971), de George Sherman, un vaquero nos explica con esta elegancia sus placeres profundos:

> VAQUERO: ¡Solo conozco algo más agradable que colgar a un ovejero: colgar a un parlanchín!

Lo que encuentra una delirante agudización en esta réplica de Dancing Kid a Johnny Guitar, en la que se materializa una similar y no menos sorprendente ambición humana:

> DANCING KID: ¡No sé por qué, pero siempre he deseado matar a un guitarrista!

Lo que, traducido al bárbaro lenguaje de uno de los rufianes que merodean en *Los cautivos* (*The Tall T*, 1957), de Budd Boetticher, suena así:

> FORAJIDO: Ahora que pienso en ello, todavía no he matado a ninguna mujer.

Para enmascarar su condición de esclavo, el *cowboy* se hace pasar por hombre independiente. Este es su lado más pintoresco y el que más frutos folclóricos ha producido. Este hombre, obsesionado por su propia independencia, es en realidad —lo dijo uno de ellos, Gary Cooper— un semianimal, cuyas iniciativas dependen de los intereses volcánicos y sanguinarios del amo y de muchas cosas más: de la arbitrariedad divina murmurada por la lluvia, la sequía y el huracán; de las dimensiones de un abrevadero; de las esquilas enervantes de la oveja y del malhumor imprevisible de un rebaño de reses. Por ello, los mitos que cultiva son elementales, analgésicos y compensatorios, poco más que agregados alegres a la tristeza y al prosaísmo que anegan su existencia. Tal es el fondo de un octavo desacuerdo: el que se produce entre el hombre que cabalga sobre la pradera como si fuera su dueño, cuando en realidad es esclavo de ella, un desacuerdo que estalla entre una estrecha vida sin ningún horizonte interior y el perfil de un centauro que limita con un horizonte exterior inabarcable por su hermosura y su grandiosidad: un escenario de oro destinado a un personaje de barro.

En el folclore del *cowboy*, el mito del ovejero trae a las praderas un ancestral temor campesino: el miedo a la plaga, a la esterilización de la tierra, a que esta sea sembrada con sal. Por su parte, el mito de la estampida es la manifestación, fuera de la selva, de un ancestral miedo selvático: el temor al incendio, a la inundación, al arrasamiento; es decir, a la avalancha. El *cowboy* recubre el desacuerdo que experimenta con su hábitat con una capa de elegancia animal y escéptica; y convierte su ordenada dependencia de la naturaleza en una desordenada agresividad contra quien se entromete en su orden. En el western son incontables las algaradas histéricas, con frecuencia mortales, de los vaqueros; sus frenéticas borracheras cuando hacen un alto en las cantinas de los poblados de tránsito para abrevar alcohol, al mismo tiempo que sus reses abrevan agua. La violencia acumulada durante su mítico viaje revienta de pronto y pone de manifiesto que su viaje ha discurrido sobre el trazado de un camino contradictorio. Bajo la aparente armonía que preside el trazado de las rutas ganaderas se agazapa un noveno y esquinado desacuerdo: el existente entre el *cowboy* itinerante y su propio itinerario.

El historiador alemán Heinz Stammel, en su libro *La gran aventura de los cowboys*, describe así la mecánica de este desacuerdo: «Mientras las manadas esperaban a un comprador en los alrededores de la ciudad, sus conductores y guardianes se dedicaban a aprovisionarse de tabaco y otras mercancías en los almacenes. Allí se enteraban de lo que había pasado en el mundo durante su viaje y bromeaban con otros *cowboys* que ya habían vendido sus reses. Una vez vendidas estas, los vaqueros cobraban en una sola paga todo el dinero que habían ganado en el viaje. Su primera visita era al barbero. Se cortaban el pelo y compraban ropa nueva. Una vez aseados, se encontraban ya dispuestos a dar rienda suelta a los furiosos excedentes de energía acumulada durante meses de soledad y disciplina ascética. Comenzaba su estallido con un merodeo a las mujeres pintadas, que les esperaban en los salones de las cantinas. Seguían su juerga por los recovecos de monstruosas borracheras y de partidas de juegos de azar, que no daban por terminadas hasta que se habían quedado sin un céntimo en la faltriquera. Cuando el vaquero agotaba su último dólar y se percataba de la irrisoria desembocadura de su largo y temerario esfuerzo, comenzaba a pelear con el dueño de la cantina, con algún jugador o con otro *cowboy*. El más mínimo pretexto le bastaba para sacar el revólver de la funda. Entonces se convertía en un loco furioso ... En tales circunstancias el puesto de *city-marshall* tenía por fuerza que ser cubierto por un hombre sereno, que por lo general era un forajido».

El hombre del Oeste —ya sea abogado, policía, tendero, constructor, médico, minero, juez, almacenista, pistolero, granjero o ganadero— se encuentra escindido por los desacuerdos que se producen entre las cláusulas escritas con sangre del pacto que un día aceptó para desencadenar su esperanzado viaje, y la resolución decepcionante, insatisfactoria y casi siempre brutal, de este viaje, una vez que ha tenido lugar. No obstante, el hombre del western acepta esa maldición, estira hasta el límite los soportes de su carácter y se adapta amigablemente, como la sanguijuela se adhiere al belfo de su caballo, a un territorio que le es abiertamente hostil. Vuelve a saltar entonces, desde la interioridad de la vida en el asentamiento colonial, la imagen de aquella oscura culpa, la sombra del pecado heredado, la memoria del indio convertido en sombra de un simple recuerdo. El enraizamiento de esta imagen terrible y perturbadora en el paisaje del western, como la del cactus en el desierto, es tanto más profunda cuantas más carencias y más sequías haya bajo ella. Bajo la generosa aventura del western resuenan los ecos de la metáfora bíblica —en *El póker de la muerte*, Henry Hathaway la fijó, de la misma manera que una vida queda fijada en las austeras tumbas que jalonan los caminos sin trazar al oeste del Oeste— en la que el profeta, el enviado de Dios, lejos de ser un suave eremita perdido en la aspereza de los desiertos, se convierte en el hombre no humano por excelencia, el fabricante de armas:

> Roddy McDowall: ¿Y quién le da a usted, Martin, el derecho a matar?
>
> Robert Mitchum: ¡Dios! ¡Y mister Colt, de nombre Samuel! ¡Un nombre bíblico!

4

En territorio hostil

El hombre del Oeste ama a lo que se le opone. Esto, como observa el anciano patriarca de *Raíces profundas*, «marca» su carácter con las tintas de un sarmentoso sello de austeridad, acritud y violencia. La plasmación de ese sello conduce a un décimo y gran desacuerdo entre el colono y su asentamiento territorial: la informe imagen de una frontera abierta, de una frontera que no es frontera; que no es fin sino principio; que no es llegada sino comienzo.

Al final de un ciclópeo viaje sobre los bordes de edades y de universos, el centauro emigrante se ve forzado a iniciar otro viaje, más largo y penoso, en busca de un nuevo, definitivo y aún más lejano territorio: el oeste del Oeste. Se trata de una pequeña, casi infinitesimal, parcela sobre una colina, en medio de una planicie desértica, en el recodo de una cuneta de alguna pista de ganado o de diligencia; un solitario montón de piedras, aventado, con una cruz de madera clavada en su lomo: el perfil de una tumba. El pistolero Doc Holliday (Victor Mature) y el *sheriff* Wyatt Earp (Henry Fonda) se encuentran por primera vez en *Pasión de los fuertes*, de John Ford:

DOC HOLLIDAY: Sé quién es usted, Earp.

WYATT EARP: Y yo quién es usted, Holliday. Ha dejado sus huellas en Tucson, en Denver y en otras muchas ciudades. Se pueden seguir sus pasos de cementerio en cementerio, Doc. Pues resulta que aquí, en Tombstone, tenemos el cementerio más grande al oeste de las Rocosas.

Y, en *El juez de la horca*:

PISTOLERO: ¿Para qué eres juez, si no tienes a nadie a quien juzgar?

ROY BEAN: Tengo un cementerio de casos ahí detrás.

La silueta de una tumba es el único mojón fronterizo que puede verse en la frontera del western. Mucho más complejo que las elementales leyendas folclóricas del *cowboy* es el mito de la frontera móvil, materia oculta de infinidad de filmes del Oeste y subsuelo de casi todos los de envergadura trágica. En *Río Grande*, realizada por John Ford en 1950, asistimos de pasada a un amable conflicto fronterizo, pero en *Fort Apache* el propio Ford nos desmiente la amabilidad de ese asunto y su socarronería irlandesa de pronto se vuelve severa, amarga y crispada. El western casi siempre aborda la paradoja de la frontera oscilante, pero lo hace sin introducirnos en sus contrasentidos políticos y soslayando su fisonomía geográfica, que en realidad solo aparece las pocas veces que en el itinerario *westerniano* surge un río limítrofe y la frontera se hace por fuerza línea visible, verdadera frontera.

Pero, las más de las veces, no existe la frontera como imagen, sino una especie de imprecisa tierra de nadie, una franja elástica e inabarcable, cuya insondable profundidad desmiente su condición de límite. Desde el punto de vista cinematográfico, es este el rasgo definitorio de la cúspide de la aventura *westerniana*. El cine del Oeste discurre sobre el doble filo de la idea de frontera, pero lo hace más desde las consecuencias interiores que desde la exterioridad visualizada de esta idea. La frontera, más que un accidente geográfico, se convierte así en una dinámica humana, en una «demarcación moral» en palabras de Astre. Deja de ser una línea de separación y experimenta una mutación que la convierte en un rasgo del carácter de sus habitantes; pobladores errantes y sin calidades de esa difusa tierra de nadie antes referida, individuos que, como el escéptico cazador de caballos que Eli Wallach interpreta en *Vidas rebeldes*, son gente de todas partes y, por consiguiente, de ninguna. Este es el escenario idóneo para que en el western irrumpan en estampida las cuestiones mayores de la existencia y para que el sencillo relato del western se convierta, de pronto, en la exaltación, dentro de una blanda alegoría patriótica, de la dura metáfora del hombre sin patria, del expatriado.

La imagen de una frontera móvil fue una derivación natural de la lógica del expansionismo, pero, históricamente, surgió como un hecho político subordinado, de orden secundario. Dice Manuel Medina en su obra *Estados Unidos y América latina en el siglo XIX* que toda la política del presidente de los Estados Unidos Henry Clay (*Harry del Oeste*, el apóstol del «*go West*») gira en torno a la necesidad de buscar rutas de salida por el Oeste para los excedentes de la producción de los mercados del Este. De ahí que el legendario grito del «*go West*», la llamada magnética a la ocupación por la fuerza de los vastos territorios occidentales del continente norteamericano, naciese en realidad como una consigna política supeditada a otra prioritaria: tender un puente, no de producción, sino de tránsito para la expansión hacia el Sur, el Oeste y las rutas del océano Pacífico, de los tentáculos económicos de las colonias atlánticas fundacionales. Escribió y rubricó Forsythe, secretario de Estado del presidente Andrew Jackson, en 1829: «Crece la pesca de ballenas y, para desarrollar esta industria, hace falta la posesión del puerto de San Francisco. Debe modificarse la frontera de tal forma que esa ciudad pase a formar parte del territorio de los Estados Unidos». La conquista del Oeste fue, en su aurora, una vasta operación de mediación y no un objetivo en sí misma. En la naturaleza oculta de este hecho y en sus singularísimas consecuencias históricas y existenciales, están ya contenidas tanto la fuerza como la rareza, e incluso el enrarecimiento ambiental que caracteriza el estilo del western fronterizo. La palabra *tránsito* es la clave de su enigma.

En otros términos: pese a su gigantismo, la idea de la colonización del Oeste surgió como una operación de paso, destinada a hacer posible otra más importante en la mente de sus ideadores. Esto supone que los asentamientos de colonos fueron, al menos en sus comienzos, el más acá de un fenómeno que les trascendía y que, visto precisamente desde ese más acá, adquiere la forma indefinible de umbral o de estancia intermedia de un movimiento dirigido hacia un *más allá*. Es precisamente la invisible filtración en la imagen de un *más allá* físico, el rasgo distintivo del western fronterizo y de él proviene la presencia en él de una tierra elástica, de una distancia inagotable, de un horizonte sin alcance, eternamente prolongable. El absurdo concepto político de la «frontera abierta», sembrado en el fértil idioma de la leyenda, germinó en el western e hizo de él un no menos fértil territorio poético. Y obsérvese que esta leyenda compone, con su simple enunciado, una forma fílmica llena de precisión, un escenario totalizador, que expresa poderosamente un personaje de *Cabalgada en el desierto*:

> RANDOLPH SCOTT: ¿Sabe lo que le digo, Lane? Que hace falta una buena razón para estar en esta tierra.

En la lectura de algunos documentos políticos de aquel tiempo es fácil encontrarse con dos enunciados susceptibles de una traducción cinematográfica inmediata. Estas dos imágenes son la apertura de vías de comunicación y la de frontera no fijada, es decir, de un territorio con comienzo pero sin final. Debido a ello, los mitos *westernianos* fronterizos son consecuencia de la paradójica existencia de esos indefinidos espacios de tránsito; y esto es indicio, por una parte, de que el western es la reconstrucción de un suceso que tiene lugar en un escenario que nunca es definitivo; y por otra, que la tipología humana de estos relatos se corresponde por fuerza con la del relato itinerante. Esta es la causa de que en el western el fenómeno de la frontera móvil cristalice en mitos de viaje y traslación: la caravana, la diligencia, la posta, el ferrocarril, el tendido de redes telegráficas; y en mitos de cuneta y de despojo: el vagabundo, el forastero, el forajido, el loco jinete errante y otras especies contemporáneas de correos mensajeros del peligro y del mal augurio.

Volvamos a la configuración de la irrealidad que se produce en el escenario fronterizo: salvo en la excepción de algún río —que si está allí es para que contemplemos cómo es violado—, raro es el western donde divisamos el límite real de la frontera, el puesto fronterizo. Uno de estos filmes es *El vengador sin piedad* (*The Bravados*, 1958), realizado por Henry King. En él, una expedición de vaqueros capitaneada por Jim Douglas (Gregory Peck) se detiene al avistar un puesto fronterizo mexicano:

VAQUERO: Oiga, Douglas, esa es la frontera internacional. No podemos seguir.

GREGORY PECK: Yo, sí.

Por otro lado, la ausencia de la frontera natural por excelencia, el mar, no hace sino corroborar la naturaleza no definitiva, provisional —recordemos aquella sensación de caducidad soñada por Ford— del escenario del western. Salvo algunas apariciones irrelevantes, el mar, considerado como frontera por excelencia, como fondo último del ámbito continental —el muro infranqueable de ese más allá antes aludido—, solo existe en *El rostro impenetrable*, de Marlon Brando. Esta ausencia indica que el paisaje por donde discurre el western no es el de la frontera considerada en sentido geográfico, sino, por el contrario, un paisaje interior provocado por la no existencia de una verdadera línea fronteriza. De ahí que la frontera sea en el western, más que un accidente geopolítico, un estado profundo del ánimo: el espíritu de la frontera.

Los hombres de la riada fundacional, arrastrados a través de un continente por el empuje migratorio del «*go West*», avanzaron por un cauce que fue trazado sin prever cuál había de ser su punto de retroceso, hasta que un día —la guerra, la montaña infranqueable, el indio sublevado, la política, el océano— ese impulso se frenó en seco, se detuvo y el *más allá* eternamente buscado quedó súbitamente congelado en el alma de sus tenaces perseguidores. La frontera abierta durante un siglo —de 1812, fecha de compra a Francia de los territorios de la Louisiana, hasta 1912, año de creación del estado de Arizona— se cerró de un portazo y el antiguo espacio inagotable condujo de improviso a un muro imposible de sobrepasar. Pero el esfuerzo que llevó hasta allí a los hombres de la gran riada siguió vivo en su espíritu. El poeta Lawrence Ferlinghetti expresó así este raro hecho: «La marcha de la civilización hacia el Oeste llega a un punto muerto en las orillas de Big Sur, Portland y Santa Mónica, y vuelve finalmente sobre sí misma».

También otro poeta, el alemán Hans Magnus Enzensberger en su libro *Política y delito*, coincide en identificar el espíritu de la frontera con la súbita detención de un movimiento colectivo, seguida de un repliegue hacia su propia interioridad por parte de ese movimiento: «Chicago continuó siendo, hasta bien entrado el siglo XX, una ciudad abierta, una ciudad de la frontera. Pero tras ser explotado el Oeste, se abrió dentro de él otra frontera no geográfica, sino social: la inmigración». Frenado el impulso de la expansión, este se detuvo —en realidad experimentó un prolongado y complicadísimo proceso de detenciones y de aceleraciones combinadas—, pero la fuerza que llevó hasta allí a los pioneros, imposibilitada para seguir todavía penetrando en aquel más allá, se hizo espíritu al replegarse sobre sí misma.

La dinámica mental del esfuerzo sobrevive así a la cancelación física de este, y los hombres que presionaron sobre la antigua frontera elástica, cuando se toparon de bruces con demarcaciones establecidas e inmóviles que no esperaban encontrar, giraron sobre sí mismos, dieron la vuelta, miraron hacia atrás y siguieron ejerciendo su tenaz presión, pero esta vez hacia dentro. Tal es el origen de los mecanismos desencadenantes de la violencia fronteriza. Dee Brown, en su obra *Enterrad mi corazón en Wounded Knee*, escribe: «Multitud de testimonios comprendidos entre 1860 y 1890 demuestran que se trató de una era de violencia que apenas podemos imaginar hoy». Y Claude Flohlen, en *La vida cotidiana en el Oeste*, observa que «la violencia en las relaciones humanas no se reducía a las relaciones con los indios. De hecho, impregnaba la vida cotidiana. Algunos autores han idealizado la vida en la frontera, pero la existencia diaria era un verdadero combate en el que cada uno se preocupaba ante todo de sobrevivir, con frecuencia a costa del vecino». En *El póker de la muerte*, de Henry Hathaway, oímos:

> RODDY MCDOWALL: Me atengo a una regla: primero, yo; después de mí, nadie.

En la película *Triunfo de valientes*, realizada por Gordon Douglas, se nos propone esta mezquina filosofía moral:

> EDMOND O'BRIEN: No tengo tiempo de averiguar qué necesita usted, porque sé qué necesito yo.

Y, en *El pistolero*, en medio de un camino abandonado, un hombre herido y con la cabalgadura reventada pide ayuda a un jinete de paso:

> BILLY JOHN: ¡Buenos días, señor! ¿Puede ayudarme a salvar a mi burro?
>
> BEN KANE: No.
>
> BILLY JOHN: Hay treinta millas hasta la ciudad. No puede abandonarme aquí.
>
> BEN KANE: Sí, puedo. *(Se va.)*

George N. Fenin y William K. Everson, en *The Western, from Silents at Cinerama*, afirman que «el imperialismo dinámico manifestado por los pioneros se fundaba en la arrogancia racial frente al indio y al mexicano y en el realismo económico, pero también en un idealismo profundo. Para los pioneros, la conquista de la frontera representaba la colonización de enormes extensiones de tierra en las que establecer sus leyes libres, sus reglamentos y sus principios morales ... Esta gigantesca tarea ocupó a los pioneros durante décadas y creó el impulso dinámico que permitió ulteriormente cristalizar a la presión norteamericana. La frontera del río Grande representa el último límite de esta penetración. Así acabó la frontera y comenzó la tradición». De otra manera: la frontera abandonó su condición de camino, se hizo estanque y sus aguas antes cristalinas se enturbiaron. Dice James Caan a John Wayne en *Eldorado*:

> JAMES CAAN: El viejo Jones era demasiado buen tipo para esta tierra. No creía en los revólveres.
> JOHN WAYNE: ¿Qué fue de él?
> JAMES CAAN: Falleció.

Es más o menos lo que viene a decir Burt Lancaster a Robert Ryan en *Los profesionales*, aplicando estrictamente a la moral fronteriza la enseñanza genocida del ilustre general Sherman cuando aseguró «que el único indio bueno es el indio muerto»:

> BURT LANCASTER: Hemos matado a diez hombres y ahora te preocupas por la suerte de sus diez caballos, que son los animales más estúpidos de la creación.
> ROBERT RYAN: Son estúpidos, pero inofensivos.
> BURT LANCASTER: Nada es inofensivo en un territorio como este, a menos que esté muerto.

O esta constatación bíblica del misterioso proceso de degradación de la tierra, a cargo de la verborrea del pistolero sermoneador Robert Mitchum en la película *El póker de la muerte* de Hathaway:

ROBERT MITCHUM: Hay algo curioso en el oro: no lo parece ... Pero cuando alguien descubre oro, el Paraíso se convierte en un estercolero.

O, más hacia el fondo, el versallesco recibimiento que Paul Newman obtiene en el poblado, en *El juez de la horca*:

PAUL NEWMAN: Siempre oí decir que un forastero es bien recibido al oeste del Pecos. ¿Oí mal?

CANTINERO: Oíste bien, forastero. ¿Cómo prefieres que te ahorquemos?

Vuelto sobre sí mismo, el impulso expansionista abandonó la diáfana cartografía de la epopeya y entró en la intrincada maraña del mapa de la tragedia, dibujando así los perfiles de otra manifestación del gran desacuerdo del hombre del Oeste con las tierras del Oeste: el centauro cabalga eternamente hacia un *más allá* que nunca encuentra. El impulso detenido de esa búsqueda se configura entonces en violencia desatada y en distancia ilimitada: este es el sello diferencial del western fronterizo. En *Fiebre de venganza*, los granjeros Phil Carey y Donna Reed miran, mientras aprietan los dientes, a los alrededores del universo:

DONNA REED: ¿Cuándo nos iremos de aquí?

PHIL CAREY: Nunca. Los de Arizona dicen que su Estado, como Texas, no tiene fronteras ... Vivimos en un mundo que no existe. Antes de la guerra había aquí un ejército. Durante la guerra, había dos. Ahora que la guerra ha terminado, hay tres: uno de nostálgicos, otro de lisiados y otro de bandidos.

Ruptura súbita de una dirección, acumulación sobre sí mismo de un impulso detenido: tal es el disparadero de la crispación y de la interiorización del itinerario frustrado. Más allá de las granjas, de las cercas, de las alambradas, de los ranchos y de los abrevaderos, apiñados en poblados fantasmales levantados en los confines de los territorios, los hombres que llegaron hasta allí empujados por la fiera determinación de encontrar el otro lado oculto de las cosas, al estancarse el empuje que les arrojó hasta aquellas lejanías, se pudren y se matan. Dice el sentencioso cazador de osos de *Las aventuras de Jeremiah Johnson*:

> CAZADOR DE OSOS: La gente viene aquí, a las Rocosas, para llevarse de ellas lo que no es suyo. Por eso fracasa ... En cuanto a ti, Jeremiah, procura olvidar todo lo que has aprendido en el camino. En la montaña no te servirá para nada. Y no se te ocurra ir más hacia el Oeste. Allí no encontrarás a nadie que te eche una mano, COMO yo.

No es por azar que los westerns más violentos sean los fronterizos. El viciado y despojado escenario de la frontera semidesértica permite al cineasta desplegar sobre la pantalla relatos que discurren enteramente sobre imágenes de sequedad y abandono. En los territorios intermedios, el granjero y el ranchero han cultivado la tierra y le han dado otra fisonomía, pero en cambio los espacios imprecisos de la frontera son todavía estériles; y esto, cinematográficamente, permite desarrollar en forma dramática la imagen de un universo carente de cotidianidad, sin calidades, despojado de quehaceres; es decir, un ámbito abstracto, un escenario total, gobernado por leyes gravitacionales propias. Es este un paisaje insuperable para que sobre él se dispare la misteriosa lógica de la aventura en estado de completa pureza, para que se ponga en marcha la imagen de la exploración, de la penetración, sin ojos en la nuca, en el ámbito donde solo habita la promesa gloriosa de lo desconocido y de lo amenazador.

Por todo ello, el escenario poético de la frontera es el propio del misterio. Consecuente con el suelo por donde pisa, la humanidad de la frontera es cauta, esquiva, desquiciada y parasitaria. Su energía no se traduce en acción, sino en esa forma de acción invertida que llamamos pasión; no en construcción, sino en espera, una espera indolente, tensa, jalonada por súbitos e imprivisibles estallidos mortíferos. Una cuadrilla de forajidos huye, con el botín de un atraco, en los valles lunares de *Horizontes lejanos*:

> KENT: ¡MacLintock nos está siguiendo!
>
> ARTHUR KENNEDY: *(Alarmado.)* ¡Rápido! ¡Hay un camino una milla más abajo! ¡Uncid las caballerías y vayámonos de aquí a toda prisa!
>
> KENT: ¡Yo no sigo adelante con ese tipo a mis espaldas! Dame una hora y lo cazaré.
>
> ARTHUR KENNEDY: *(Como quien mira a un cadáver.)* ¡Como tú quieras, muchacho! *(Kent sale. Fundido. Se oye un disparo lejano. Kennedy salta como un resorte.)* ¡Es un disparo de rifle!
>
> CUATRERO: ¡Kent no llevaba rifle!
>
> ARTHUR KENNEDY: ¿No os dije que había un camino una milla más abajo? ¡Rápido! ¿A qué esperáis?

Tensión y flotación, tiempo y espacio fronterizos, dan lugar a un cauce narrativo inimitable, a una cadencia fílmica sin equivalencias, que convierte al western fronterizo en una de las formas más originales de la representación trágica contemporánea. Hay, en este cauce, un uso lleno de distinción del tiempo cinematográfico, que unas veces se distiende y otras se encoge o se concentra, no mediante recursos y convenciones extraídas del principio de verosimilitud realista, sino de complejas exigencias de la representación que conducen al suceso representado fuera de todo sistema de orientación conocida, fuera incluso de la propia Historia, en busca de los espacios imaginarios de aquel *más allá*, de aquel oeste del Oeste. Es este el nebuloso camino por donde el western penetra en el universo de los sueños, que es el de la imaginación pura en busca de sus leyes autónomas no contaminadas. El secreto de la esencialidad del western, aquella su aparente elementalidad encubridora de sofisticación, obtiene una explicación precisamente en esta irrealidad y ahistoricidad provocada por la condición lunar y onírica del espacio fronterizo considerado como escena que no tiene sus límites en sí misma, sino *más allá* de ella.

La brasa incendiaria enrojece cuando la vida se precipita en estos espacios de muerte. En el western fronterizo se aborda, sin énfasis, el enfático asunto de la expulsión del mundo de los hombres que llegaron, arrastrados por el magnetismo de una llamada histórica, más allá de la Historia. Quienes ahora habitan en la tierra de nadie, antes tuvieron que romper —por la presión que ejerce su alrededor sobre su médula—, para así sobrevivir, toda vinculación con la norma y así dejarse arrastrar por la lógica de la excepción. Debido a esto, detrás de estos cuentos elementales acechan agazapados dos rasgos extremos de la condición de la existencia humana: por una parte, la opción entre excepción y norma, es decir, la antesala de toda transgresión; y por otra, el de la violencia incausal, es decir, el estallido que sigue al arrojamiento de los hombres a las cunetas del tiempo histórico.

A esto obedece que todo buen western sea siempre una metáfora que intenta decirnos algo indecible acerca de la excepcionalidad de lo cotidiano y de la cotidianidad de lo excepcional, comenzando por esa excepcionalidad que conocemos con el nombre de violencia y esa punta excepcional de la violencia que conocemos con el nombre de homicidio. Filmes arquetípicos del modelo de western fronterizo, como *El zurdo* (*The Left Handed Gun*, 1958), de Arthur Penn; *Pasión de los fuertes*, de Ford; *Winchester 73*, de Mann, y otras joyas del género, son una aportación —no siempre bien justipreciada por la miopía intelectual, cuando se acude ante una pantalla con las gafas de leer libros— de inapreciable valor del cine al esclarecimiento de algunos abismos permanentes de la vida humana en nuestro tiempo; y, por consiguiente, en todo tiempo.

El hombre de la frontera siente rencor hacia un pasado que le ha conducido a un lugar sin futuro: vive por lo tanto sumergido en un presente absoluto. Raro, si es que existe, es el western fronterizo que acude al *flash-back*, a la rememoración visual, como recurso expositivo, y esto obedece no solo a la ausencia de matizaciones —sobre todo de tipo psicológico— en sus despojados personajes, seres de una pieza que parecen esculpidos, como héroes arcaicos, en un solo bloque sin fisuras de la misma roca, sino también a un mandato ineludible del objeto filmado. El objetivo de la cámara no puede atravesar la resistente opacidad de la detención del tiempo y esto obliga al cineasta a recuperar una ley, con frecuencia olvidada, del cine fundacional: la de la preeminencia, en los códigos del lenguaje visual, del presente sobre el otro polo de la alternativa temporal. En el western, el tiempo del filme se acopla milimétricamente al tiempo de transcurso del suceso, por lo que el presente puro se identifica en estos filmes con la aventura pura, con la aventura por la aventura misma. De ahí que el western fronterizo sea el cine de aventura por excelencia, el gran despliegue sobre las pantallas del mundo ingobernable de los sueños.

Excepción, violencia y aventura son los ingredientes formales del clima inimitable del western fronterizo. Arrojado fuera del curso de la Historia, el hombre del Oeste pierde la noción de su estirpe zoológica; situado fuera de la cotidianidad, extravía su idea de duración y de transcurso; expulsado de la norma, se sumerge enloquecido en la excepción. El viejo Dock, de *El hombre del Oeste*, vuelve a ver a un hijo suyo que ha estado fuera de casa más de diez años, pero él ha calculado su ausencia tan solo en cinco. La imprecisión en las medidas del tiempo por parte del anciano es algo más que la definición de su carácter volcánico y perturbado. En todos los grandes westerns de Mann, de Ford, de Hawks y de otros importantes creadores del género, esa imprecisión temporal es un rasgo diferencial, no de algunos personajes sino del relato en cuanto tal. *Tierras lejanas* es una rara incursión del ojo humano en el interior de una temporalidad detenida, caduca y crítica, como la añorada y representada por John Ford en *El hombre que mató a Liberty Valance*. La dureza de los grandes westerns fronterizos convierte a estos en obras donde la expresión de la violencia y del reposo humanos se manifiestan como configuración de una nueva manifestación del gran desacuerdo: la existente entre tiempo individual y tiempo histórico o, si se quiere, entre el hombre del Oeste y la historia del Oeste. En *Las aventuras de Jeremiah Johnson*, el trampero Jeremiah (Robert Redford), después de años de aislamiento en las Rocosas, se encuentra a un teniente de la Caballería de los Estados Unidos:

> JEREMIAH: ¿Cómo va la guerra?
> TENIENTE: ¿Qué guerra?
> JEREMIAH: Contra el presidente de México.
> TENIENTE: Terminó hace mucho tiempo.
> JEREMIAH: ¿Quién ganó?

Y, más adelante:

JEREMIAH: ¿En qué mes estamos?
CAZADOR DE OSOS: Ni idea, forastero. Tal vez en marzo.

Y, más adelante, otra nueva esquina del proceso de extrañamiento y expulsión del hombre del Oeste del tiempo histórico por donde discurren divergentes su vida y su tierra:

VIEJO BEN: Yo le dije a mi madre que estaba hasta la coronilla de vivir en el rancho y que me largaba a las montañas a cazar. Mi madre entonces me dijo: «Hijo mío, en las montañas solo hay indios y alimañas. Eso no es para ti». Pero no le hice caso, vine aquí y descubrí que las Rocosas son la médula del Universo. En cuanto a ti, Jeremiah, ¿por qué no te vas a una ciudad?
JEREMIAH: Ya estuve una vez en una.

O esta prodigiosa definición indirecta del desierto formulada por un personaje de *Los cautivos*:

FORAJIDO: ¿Cómo es la ciudad?
RANDOLH SCOTT: Hay gente.

Río de sangre, de Hawks, y *Más allá del Missouri* (*Across the Wide Missouri*, 1951), de William Wellman, son películas cuyo itinerario es el curso de un río. Con frecuencia, el hombre del western sigue los caminos naturales del agua y adapta sus rutas a las rutas de las corrientes. En ocasiones se deja llevar por la fluencia del descenso: recordemos los numerosos relatos que transcurren total o parcialmente en barcos *saloon*; las secuencias fluviales de *Nevada Smith*, de Hathaway; de *Policía Montada del Canadá*

(*Northwest Mounted Police*, 1940), de Cecil B. DeMille; de *Río sin retorno* (*River of no Return*, 1954), de Otto Preminger, y la fantástica travesía en barca de *La noche del cazador* (*The Night of the Hunter*, 1955), de Charles Laughton. En otros filmes, en cambio, la aventura se opone a los desniveles de la naturaleza y, haciéndoles frente, remonta los ríos, hacia las cumbres de las montañas. *Río de sangre* es la historia de uno de estos enfrentamientos contra la corriente, la historia de unos hombres que, como los de *Más allá del Missouri*, «buscaban castores y encontraron la gloria». Los cazadores y tramperos de *Río de sangre* recorren más de mil millas río arriba. Durante las primeras secuencias del filme, una cuarta parte aproximadamente de la totalidad del metraje, la distancia recorrida por el grupo explorador abarca más de la mitad del camino, mientras que las tres cuartas partes restantes de la duración del filme están destinadas a narrar el recorrido restante; esto es, algo menos de la otra mitad del remonte del río. Distancia real y tiempo cinematográfico, según esto, no son formalmente coincidentes.

Hay otro filme del Oeste donde este desajuste entre espacio y tiempo es todavía más brusco y violento. *Muerde la bala* (*Bite the Bullet*, 1975), realizada por Richard Brooks, cuenta la aventura de una larga e infernal carrera de caballos a lo largo de setecientas millas de desierto. La práctica totalidad del filme discurre horizontalmente sobre las cegadoras llanuras desérticas. Al final de estas llanuras, tras haber sobrepasado innumerables obstáculos físicos y morales, los jinetes se encuentran cara a cara frente al más grande de los retos que la carrera les arroja al rostro: atravesar a caballo los silencios impenetrables de la cordillera de las Rocosas. Pues bien, la cámara de Richard Brooks se salta esa imponente mole de una vez, en el imperceptible instante de una fantástica elipsis, una de las más audaces de la historia del cine. Brooks encadena la imagen de los jinetes mientras contemplan, todavía físicamente enteros, las montañas, con la imagen de su infinito cansancio después de haberlas atravesado. La cumbre de la aventura ocurre por tanto en la imaginación del espectador, en su propio tiempo mental, lo mismo que, como vimos, sucede en el filme de Hawks, *Río de sangre*. La existencia de estas brillantísimas elipsis pone de manifiesto hasta qué punto el rígido ceremonial del western permite a sus oficiantes introducir en él los aspectos más diferenciados y originales de su propio y personal estilo.

El western se presta a que los cineastas jueguen con estos violentos y sorprendentes desajustes entre espacio y tiempo. Dice Arnold Hauser que «lo que caracteriza al cine es que en él espacio y tiempo son fluctuantes; el espacio tiene carácter casi temporal y el tiempo, en cierta medida, condición espacial». La segunda parte de *Río de sangre* —en la que una distancia geográfica menor exige una duración fílmica mayor— resulta paradójicamente más corta que la primera, en la que el metraje es ostensiblemente menor; o, de otra manera, la duración objetiva del itinerario no se corresponde con su duración psíquica. En la imaginación del espectador hay en esta segunda mitad de *Río de sangre* —como de manera fulminante lo hay también en el paso instantáneo de las montañas de *Muerde la bala*— un ingrediente acelerador del tiempo y, por lo tanto, reductor de la duración interior del itinerario. Este ingrediente es el peligro. Desde el instante en que los aventureros, cazadores, tramperos y exploradores de *Río de sangre* penetran en una zona peligrosa, el filme —sin perder un gramo de su estilo y sin que este experimente ningún giro— rompe automáticamente su cadencia inicial y, a partir de entonces, la medida exterior de su tiempo coincide con un acortamiento de la duración interior de la vivencia de su aventura. De lo cual se desprende que, con hermosa frecuencia, en la intrincada geometría del western la distancia no es una medida geográfica, ni una longitud física o una extensión, sino una medida poemática, una singularidad del itinerario concebido como recorrido mental y como lenguaje.

En *Winchester 73*, aparentemente a la inversa que *Río de sangre*, el paso a través de un desierto tiene más duración psíquica que la que podría deducirse del metraje. Unas pocas secuencias, un corto tiempo objetivo, crea en el espectador —como en *Muerde la bala*— la experiencia interior de un largo recorrido, de una distancia geográfica enorme, desproporcionada respecto del menguado tiempo en que se cuenta. Este alargamiento del viaje es promovido por la intrusión en el transcurso del filme de un ingrediente compresor del tiempo y dilatador de la sensación de traslado: la dificultad. El itinerario del western y el tiempo destinado por el cineasta a expresarlo dependen en gran medida de la disposición recíproca que se establezca entre el hombre que hace el camino y la capacidad de agresión que ese camino opone al caminante. Las sensaciones —y consecuentemente las imágenes que las provocan— de peligro y dificultad son connaturales a la gran aventura fronteriza. En el western, un hombre, o un conjunto de hombres, atraviesa una distancia peligrosa y dificultosa, generadora de miedo y de esfuerzo en quien o quienes la surcan. Así entra a formar parte del conjunto de desacuerdos que jalonan la frustración de la epopeya, uno más: el de territorio hostil.

La idea y la imagen de un territorio hostil, o territorio enemigo, hace referencia a la guerra. El *yankee* norteño respecto del sudista, y viceversa; el indio respecto del colono; el agricultor respecto del ganadero; el ovejero respecto del vaquero; el forajido para el conductor de diligencias; la estampida respecto del constructor de cercas, son, entre otras muchas, concreciones de la sensación de hostilidad que el hombre del Oeste observa a su alrededor siempre que atraviesa un territorio. El conjunto de contradicciones interiores que espolean la condición secretamente conflictiva del western, apuntan hacia una última y suprema manifestación del gran desacuerdo: la guerra. Gregory Peck explica, acompañado de un encogimiento de hombros, el brutal tiroteo que se entabla entre los miembros de su banda de proscritos en una de las escenas finales de la película *Cielo amarillo*, realizada por Wellman:

> ANNE BAXTER: ¿Qué les ocurre a sus hombres?
> GREGORY PECK: Tienen divergencias.

El western es, como todos los que logran acuñar un ritual, un género formalista. Nuevamente aquí, como en aquellas referidas reglas del duelo o el homicidio legislado, la forma se impone a sus contenidos, pues lo que importa de estas «divergencias» a que se refiere Gregory Peck con un encogimiento de hombros es la manera que el hombre del Oeste tiene de solventarlas: siempre a tiros.

Rememoremos el recorrido de este camino alrededor de la médula del western: la ruta hacia el Oeste es una especie de interminable carrera de obstáculos, cada uno de los cuales adquiere la forma de un desacuerdo entre una tarea humana y la resistencia de la naturaleza y la Historia a que esta tarea se cumpla. La forma de solventar estos desacuerdos es siempre la misma: la lucha a muerte del hombre contra el hombre: el ganadero texano que busca pastos en el Norte en *La reina de Montana* (*Cattle Queen of Montana*, 1954), de Allan Dwan; el sudista fanático que, decepcionado por la política, acaba rechazando la alternativa histórica Norte-Sur en *Yuma* (*Run of the Arrow*, 1956), de Samuel Fuller; el viejo ranchero McCanles, que aplica la lógica expansionista de la frontera móvil a las cercas de su rancho en *Duelo al sol*, de Vidor; el vendedor de armas a los indios que atiza la hoguera encendida por los especuladores blancos en *Los Comancheros* (*The Comancheros*, 1961), de Curtiz; el esclavista Sam Houston que promueve la conquista de un nuevo territorio para que suba el precio de la mercancía humana en *El Álamo*, de John Wayne; el loco buscador de oro de *El tesoro de Sierra Madre* (*The Treasure of Sierra Madre*, 1948), de John Huston; el linchador profesional de *Cazador de forajidos*, de Anthony Mann; el *sheriff* cacique de *Dodge, ciudad sin ley* (*Dodge City*, 1939), de Michael Curtiz; los forajidos hostigadores de una caravana de pioneros en *Wagonmaster*, de Ford; toda la galería de arquetipos del comportamiento propios del hombre del western, lo es de comportamientos orientados hacia la guerra.

No obstante —y ahí es donde interviene su formalismo—, este no es un género bélico, ni las películas del Oeste son filmes de guerra en sentido estricto. Por un lado, en el western no se visualizan con frecuencia auténticas batallas. Salvo en algunas excepciones de filmes sobre las guerras indias —en especial las mantenidas por el ejército de la Unión contra las poblaciones comanche, apache y sioux— y algunas películas que tocan colateralmente la guerra de Secesión y la entablada contra México —donde sí se reconstruyen batallas—, el *casus belli* que predomina en el género es la escaramuza y la lucha individual. Y por otro lado, el carácter guerrero de los relatos del Oeste no extrae su lógica de la guerra en cuanto tal, sino de aspectos que la rozan: aspectos marginales, unas veces premonitorios y otras consecuentes. El clima del western es un clima de guerra latente, un ambiente o situación de proximidad o de inminencia de guerra, de tal manera que esta es, más que un suceso evidente, una dimensión oculta del relato. Así es como se conforma la categoría narrativa específica del western, que es la de hostilidad circundante o, con más precisión, la antes enunciada de territorio hostil, que es el resultado de la aplicación a esta forma de tragedia contemporánea del mecanismo básico desencadenante de la tragedia clásica, el principio de la Naturaleza agresora. No es otro el sentido profundo del formalismo del western: el mantenimiento, en la contemporaneidad, de los arcaicos procesos de ritualización sobre los que se tejió la tragedia antigua, de la lucha de los hombres contra el entorno de una naturaleza que les acosa.

La enemistad con la tierra, con la que el hombre del western se enfrenta, es algo más que una vociferante amenaza humana; es también la silenciosa e indiferente enemistad de una materia cósmica envolvente. El *otro*, el enemigo, es el propio paisaje, el escenario mismo, que encarna una sorda y resistente hostilidad —impenetrable, pero en la que hay que penetrar— que no conoce armisticios. En la gestación y desarrollo de un Estado moderno, el hombre del western se ve obligado a mantener una lucha tan antigua como la Humanidad. Hablábamos antes de proximidad y de lejanía, de mezcla explosiva entre arcaísmo y contemporaneidad. La materia con que se construye el presente, pero expresada mediante formas que hacen retroceder a la imaginación contemporánea a sintaxis elaboradas por gramáticas remotas: eso es un western. El angosto círculo de una caravana de pintorescos colonos que se defienden de otro círculo más ancho de asaltantes aborígenes es un rito guerrero de sabor lejano y sin embargo íntimo; la huida eterna de un hombre perseguido por otro a través de desiertos, de montañas, de ríos y de imprecisas fronteras, es un suceso remoto y sin embargo tan próximo como la resaca de un sueño; la evacuación de un poblado ancestral hacia una moderna reserva india es un suceso tan antiguo como el mundo y sin embargo específico de la huella de pezuña de este nuestro tiempo.

El hombre del Oeste, sujeto a ese explosivo cruce entre contenidos contemporáneos y formas arcaicas de expresarlos, es también dueño de una moral contradictoria. Recordemos la manera de dormir que tiene el *cowboy* en medio de los grandes espacios hostiles: inclinado sobre su silla de montar, que le sirve de almohada, reposa en perpetuo estado de alerta, como si poseyera dentro de sus sueños un resorte que le permite despertar dispuesto a reemprender instantáneamente la lucha. Aunque se encuentre agotado por el esfuerzo, el hombre de la pradera y de la frontera ha de dormir por fuerza con un ojo abierto. Randolph Scott, en *Cabalgada en el desierto*, nos revela desde dentro el sentido de esta disposición:

> RANDOLPH SCOTT: Uno aprende a ser cuidadoso en esta tierra.

Este «ser cuidadoso» es algo más que una derivación del principio biológico de adaptación al medio. Es una teoría del comportamiento, que Gary Cooper destripa de un tajo verbal ante Preston Foster en la secuencia final de *Policía Montada del Canadá*:

> PRESTON FOSTER: Acabo de decidir que cuando pase por Texas iré a verle, amigo.
>
> GARY COOPER: Tenga cuidado, mayor, tomar decisiones precipitadas en Texas puede ser peligroso.

La vida del hombre del western está amenazada por el entorno, pero también por su propia respuesta a esa amenaza circundante. En *Los cautivos*, de Budd Boetticher, sentencia un viejo vaquero:

> VAQUERO: Un hombre no debe vivir en un desierto. No es natural.

Otro personaje del mismo cineasta nos revela en *Cabalgada en el desierto* el lado complejo que hay debajo de esa deducción de simple sentido común:

> RICHARD BOONE: Hace falta un motivo serio para estar en esta tierra.

Un motivo serio. El alegre y violento *cowboy*, el portador del estandarte del colorismo nacionalista en el «parto de la gran patria americana», no está allí, en la brecha, en el filo del hacha expansionista, por gusto, por heroísmo ni por amor a esa patria, sino por motivos más serios. En las hostiles, lunares praderas fronterizas, el hombre ejercita su determinación y su libertad no por deporte, ni siquiera por convicción, sino por necesidad. Pero es encima del eterno soporte de la necesidad donde se amasa toda moral trágica; y nada expresa mejor a la necesidad en estado puro que la naturaleza. De ahí, una nueva manifestación del gran desacuerdo: en el western, poema de la naturaleza, toda tentación de naturalidad está ausente. El vaquero de *Los cautivos* acaba de decírnoslo: no es natural estar donde él está. Nada es natural en el western, donde todo es naturaleza. De ahí el estrepitoso fracaso de los esquemas realistas y naturalistas al ser aplicados al cine del Oeste.

El realismo, el reflejo del curso natural de las cosas y de los comportamientos, está expulsado de raíz de las alquimias formales de estos rígidos, y no obstante libérrimos, relatos sobre el nacimiento de las luces y las sombras de nuestro mundo. El western es todo lo contrario de la naturalidad: es el puro artificio, la apoteosis de la convención.

Vislumbrábamos antes, a través de dos obras de la cumbre del género —*Río de sangre* y *Winchester 73*— las particularidades que el espacio y el tiempo adquieren en la cadencia del western, y observábamos que no se trata de un espacio y un tiempo naturales sino distorsionados en función de las necesidades de la situación y de los personajes. Jean Mitry —habla de John Ford, pero su afirmación resulta tanto o más convincente si se aplica a la obra de King Vidor, Anthony Mann, Howard Hawks, Delmer Daves, Sam Peckinpah y otros maestros de la convención *westerniana*— dice: «La perfección es esencialmente una perfección formal. Es el acabamiento de una obra construida de acuerdo con una estructura premeditada. De ahí la sensación de artificio que algunos le reprochan ... Podría decirse que se trata del desarrollo matemático de una fórmula que plantea las condiciones de su propio desarrollo. [De ahí que] *La diligencia* puede considerarse como una obra maestra del concepto de tragedia aplicado al cine». En el western, el paisaje tiene la misma función que en la tragedia antigua tenía la escena. Ambos son, más que un decorado, un puro ámbito, un lugar sagrado, abstracto y sin particularidades. Tal vez por esto en el paisaje del western encaja mejor la llanura que la montaña —esta suele ser un telón de fondo— y de entre las llanuras, la más esencial, esa llanura por excelencia que es el desierto. *Cielo amarillo*, de William Wellman, cuenta la historia de una banda de forajidos que, perseguida por un destacamento de la Caballería de los Estados Unidos, se ve obligada a internarse en un territorio desértico cuyos flancos motañosos están ocupados por guerrillas de apaches sublevados:

> FORAJIDO: ¿Queréis decirme qué hacemos atravesando un desierto que ni una serpiente se atrevería a cruzar?
>
> GREGORY PECK: Un desierto es un espacio, y un espacio se cruza.

En *Cielo amarillo*, un grupo de hombres se sumerge en un territorio hostil, cuya enemistad se manifiesta en tres formas de amenaza: la ley, el indio y el sol. Dos amenazas humanas y una cósmica. A lo largo de la gran secuencia de la huida, las dos primeras amenazas pasan a segundo término y ceden el protagonismo a la tercera, el desierto, por lo que la amenaza cósmica se apodera materialmente de la situación y determina el desarrollo del artilugio narrativo. Cuando la banda se interna en las dunas, está compuesta por individuos sin singularidades, dominados por la indistinción, la uniformidad y la complicidad de las piñas humanas. Pero la travesía del desierto va disolviendo los lazos de conexión recíprocos y el grupo acaba desintegrándose; las peculiaridades individuales adquieren entonces preeminencia sobre la superficie amorfa del conjunto y el desierto se convierte así en el marco de una mutación, de un movimiento que acaba por moldear el carácter de quien la padece: el itinerario desnuda al individuo que lo recorre de todo tentáculo psíquico que no sea el destinado a dar rienda suelta a las zonas no compartibles de su individualidad, a sus pasiones primordiales desatadas. Y esto fija la conducta del individuo como un comportamiento irrefrenable, crispado y extremo, que prefigura su moral como una moral del exceso.

El exceso es medida del western. En la historia del género hay infinidad de ejemplos de una desmesura que, como observaba Fritz Lang, podía sin esfuerzo adquirir de pronto envergadura poética shakespeariana. Uno de ellos, de desproporciones enormes, es el representado por el tumultuoso anciano Dock, jefe de la banda de atracadores de *El hombre del Oeste*, de Mann. Así expone este viejo proscrito, en un alarde de fastuosa identidad entre palabra y gesto, su plan de ataque. Amalgama de delirios, de fiebre verbal, de sentido práctico, de tortuosidad onírica, de voluntarismo, de desorden, de grandeza y de irrisión, este famoso discurso, en el genio de la voz y el gesto de Lee J. Cobb, se convierte en un caso desbordado de ese despojamiento del hombre del Oeste en sus últimos reductos pasionales:

> LEE J. COBB: He meditado esta noche y he visto todo lo que va a ocurrirnos, como si estuviera metido hasta el cuello dentro de un barreño de agua fría. He visto una calle larga y polvorienta. ¡Y el banco estaba allí, al final de la calle! ¡Hay más dinero dentro de él que el que vosotros, perros ignorantes, podríais contar! ¡Oíd mi plan! Mañana por la mañana un hombre entrará en el banco. Estará amable y tranquilo, llevará en la mano un saquito y preguntará si lo puede dejar allí durante unos cuantos días. ¿Eh? Entonces, da las gracias y se marcha. Así sabremos si la cosa es factible o no lo es. ¡Ahora, oíd! Si podemos, él nos espera; y si no, se vuelve inmediatamente, de modo que si no vuelve, nosotros vamos para allá. Nos encontraremos en las afueras del pueblo y nos explicará todo el negocio. Entramos en el pueblo, ponemos todo patas arriba y nos largamos después, ricos y satisfechos. ¡No hay nada olvidado! ¡Nada puede fallar! ¡Lo único que hace falta son hígados! ¿Hay aquí alguien que no tenga hígados?

5

La caza del hombre

Cuando nos arrebatan la aventura, la soñamos. Si un itinerario ha sido andado, volver a recorrerlo es un esfuerzo que pasa a formar parte de la inmovilidad humana. Cuando todos los territorios vírgenes han sido ya explorados, sus antiguas rutas se interiorizan. El Oeste, en cuanto ámbito de aventura, es la reconstrucción interior, soñada desde la quietud, de la exploración de un mundo ya explorado. Antes lo vimos: más allá del Oeste, en los tenebrosos e inalcanzables territorios donde se juega el último acto del extinguido, arcaico y no obstante eterno juego de la ceremonia trágica, los hombres de hoy soñamos que concluimos un universo concluido. El western es, por ello, una inesperada contribución del cine al último rescoldo de la poesía del absurdo. De ahí el humor que destila su abrupta violencia.

Volvamos la mirada al tierno y melancólico testimonio, antes evocado, escrito por Jonas Mekas, hace más de treinta años, en su célebre columna libertaria del *Village Voice* neoyorquino. Recordemos que allí contó el profeta del cine subterráneo que, en una pequeña calle de su ciudad, casi tan discreta como una guarida clandestina, hay una vieja sala de cine en la que de día y de noche proyectan sin interrupción un western tras otro. Es una salita pequeña, siempre llena de gente callada, pensativa, solitaria, con aspecto apesadumbrado. Por lo general, se trata de personas mayores, que entran en silencio, con inexplicable sigilo, se sientan en sus butacas encogidos y cabizbajos, frente a la pantalla y, cuando esta es invadida por la majestuosa poesía de los espacios abiertos, enderezan el cuerpo, respiran hondo, levantan con gallardía la cabeza, y sueñan.

El cine hizo propias —porque antes de que naciese ya eran suyas— las rutas escondidas que dirigen los movimientos de los sueños. La forja, en la segunda y tercera décadas de este siglo, del lenguaje de este nuevo arte sin edad reveló que algunas de las vértebras de la sintaxis cinematográfica ya estaban codificadas desde tiempos olvidados y que se encontraban diseminadas entre los innumerables residuos que las ensoñaciones humanas habían depositado en su paso furtivo por debajo de los siglos. Según esto, lo que el cine trajo a los imprecisos dominios de la imaginación no es la invención de un inmemorial lenguaje en gran parte ya inventado, sino su súbito desvelamiento completo. De ahí que el western, al destapar lo que se manifestó retrospectivamente como un rasgo inmutable de la intrahistoria del ingenio humano, se haya convertido en la última aventura profunda de este ingenio: en el milagro de la contemplación de los sueños fuera de las estancias cerradas del cerebro, el prodigio de hacernos oír en la vigilia la música inaudible de la conciencia dormida.

Es por ello explicable que las películas de aventuras, en cuanto que respuestas permanentes a la llamada a la libertad que provoca, como un resorte, la servidumbre, estén atrapadas dentro de los grandes capítulos que la historia del cine reserva a los géneros, y que el género de géneros sea precisamente el western. Toda aventura humana sigue milimétricamente los pasos de un modelo establecido de comportamiento; y este, a fuerza de ser repetido, cristaliza finalmente en un código cifrado de signos en perpetuo movimiento y en una sintaxis visual susceptible de representación, es decir, en un rito. No son muchos estos modelos, ni por lo tanto abundan los ritos derivados de ellos. En realidad caben, como un agua escurridiza, en el cuenco de las manos de un niño sediento; pero sus gotas saltaron en pedazos a lo largo de este siglo, en busca de los agujeros sin fondo de las pantallas blancas del mundo y desde allí se multiplicaron, a través de infinidad de variantes, que, cuando fueron moldeadas por los ojos de los cineastas libres, hicieron parecer a cada vieja aventura un nuevo sobresalto; y a cada brote de la emoción, el nacimiento mismo de la emoción.

Mediante el rito del western, las pantallas hicieron suyos los antiguos mecanismos liberadores de la catarsis, es decir, de la representación visual del Mal como forma de ahuyentarlo. El cine lleva dentro una aventura interior objetivada: sigue, paralelamente a su espectador, las vueltas y revueltas de los caminos de la emoción. Una emoción en cuyo horizonte aparece la ilusión de que mediante ella reconquistamos la alegría de la libertad auroral en la pesadumbre de los crepúsculos. El western es, por ello, una experiencia —única en nuestro tiempo— de participación en actos de libertad total, física, mental, moral. Y también una didáctica de esa libertad: el cine del Oeste mejora el mundo, porque enseña a sus contempladores los iconos que representan los comportamientos sin fronteras; y es ahí, en la destrucción desde dentro de todas las fronteras *artificiales*, donde hay que buscar uno de los signos *naturales* de la universalidad de esta formidable aventura cinematográfica. Estamos, por consiguiente, en la pista de despegue de uno de los grandes vuelos imaginativos de este tiempo; y tal vez por eso, el western alcanza sus mayores elevaciones emocionales cuando su destinatario es un público formado por niños, o lo que es lo mismo, por adultos pesimistas, hombres cuya identidad se alimenta de sus carencias.

La aventura del Oeste rescata en estado puro las emociones que despiertan lo desconocido y lo maravilloso, para devolvérselas a un mundo donde todo se da por sabido y en el que los estremecimientos del ánimo tienen tan solo orígenes utilitarios y lógicos. De él procede el adentramiento de la mirada en los ámbitos fascinados de los territorios sin vuelta atrás; la devolución de la experiencia de lo excepcional a sensibilidades atrapadas por lo ordinario; y, por consiguiente, la última posibilidad del hombre adulto de ejercer aquel goce primordial que perdió, como enunciamos más atrás, en una esquina olvidada de la infancia: el goce de jugar. Incontables son los westerns que despliegan sobre las pantallas el poema de la exploración, de la incursión, sin ojos en la nuca, en la maraña de un territorio virgen. Su lugar no es otro que el antiguo ámbito natural de la hazaña, convertido ahora en vacío contemporáneo por excelencia, en una desquiciada nostalgia de acción, de penetración en los esponjosos e insondables territorios que hay *más allá* del Oeste. Y esta penetración nos permite rescatar el perfume de una delicada sensación perdida: la gloriosa ilusión de que los hombres todavía movemos con nuestros actos los inasibles hilos que mueven nuestro destino.

Recomponer lo maravilloso en un mundo dominado por lo indiferenciado: esa es la otra esquina de la aventura cinematográfica del Oeste. Nuestras epidemias de tedio proceden del sedentarismo porque, a causa de este, nuestra condición viajera ha perdido su antigua conexión con los caminos. Ya no se hacen rutas, porque todas están hechas; ya no hay pistas de acceso que trazar en busca del corazón de territorios en blanco, porque ahora nos hacen saltar, como a insectos dóciles, de un punto a otro del pellejo del mundo. Pero a este pellejo ya nadie lo recorre; y, en su silencio, añora las antiguas caricias de las pisadas de los pobladores de la tierra. En los saltos de un punto a otro del planeta los hombres contemporáneos perdemos la conciencia del itinerario, y es precisamente el cine quien nos la devuelve, soñada. Los filmes de camino, las *road movies* y, sobre todo, ese compendio ritualizado de ellos que es el western, son por ello un suntuoso ejercicio de rescate de la gran aventura perdida. Y las llamas extinguidas del asombro vuelven, en los territorios situados más allá del Oeste, a ser de nuevo hoguera.

La sensación de peligro, cuando es evocada desde la presión de la seguridad, es otra aguda esquina del recorrido *westerniano*. Un o unos hombres, pioneros de una o unas civilizaciones o, con más probabilidad, fugados de ellas, se adentran en un territorio de luz tenebrosa, cuya hermosura les es enemiga, hostil. El cine del Oeste prendió e hizo crecer la llama de esa sensación de temblor que se deriva de la representación visual del esfuerzo, como revés de la forma muelle de seguridad —o de muerte— humana que llamamos confortabilidad. Es este un terreno abonado para que el cine nos devuelva el amor por el empeño, la llamada de la caza, el sabor a vida de la fatiga física, la sensación de buen abandono que nos queda cuando nos sentimos arrebatados por la euforia de un *más allá* físico. La reconstrucción visual de los espacios abiertos se convierte por esta razón en una emanación dulce de amargas pesadillas de asfalto; de la misma manera que los macroclimas son el sueño de un mundo sin paredes, edificado desde la presión claustrofóbica de los microclimas urbanos y desde las celdas individuales de la cómoda cárcel en que han encerrado a nuestra libertad, allí reducida a un simple símbolo, a un espectro metafórico de sí misma. Ese es el marco carencial que permite al western convertirse en un hermoso consuelo del individuo contemporáneo, puesto que le permite contribuir con su ingenio en la creación de su propia historia colectiva.

El western está por ello lleno de cristalizaciones imaginarias procedentes de pulsiones históricas verídicas. En ocasiones, estas corrientes incontenibles de veracidad están trazadas desde dentro hacia fuera, en los circuitos que abastecen de energía a los comportamientos cotidianos; pero hay otras donde la dirección de esas pulsiones se invierte y el estímulo emocional recorre el hilo eléctrico en sentido contrario, desde fuera hacia los adentros del receptor. Se trata, una vez más, de la visualización del poema del temor a la muerte, en cuanto otro lado del prosaísmo cotidiano del miedo a la vida. Tal es la misteriosa y sagrada mecánica del vaciamiento del supremo terror, el que mantenemos con los dientes apretados frente a la aproximación de los mensajeros del *más allá*, cuando este terror es conducido a través de la representación de la caza del hombre por el hombre y del homicidio legislado, que es la médula de la aventura del Oeste y el camino sin cunetas que conduce precisamente más allá del Oeste. Como antes vimos, el western vacía de contenido a la muerte y, al hacer de ella nada más que una forma, una mutación, un tránsito y un vuelco en las leyes no escritas del corazón, la vence. En *Río Bravo*, un viejo granjero pregunta al atareado *sheriff* del poblado:

WARD BOND: ¿Por qué detuvo al hermano de Natham, *sheriff*?

JOHN WAYNE: El motivo lo estaban enterrando cuando usted llegó.

WARD BOND: ¿Qué dice Natham sobre ello?

JOHN WAYNE: Nada. Natham no habla, actúa.

WARD BOND: ¿Con cuántos hombres cuenta?

JOHN WAYNE: Con un viejo cojo, un niño y un borracho.

WARD BOND: Si hay un hombre en dificultades, ese es usted, *sheriff*. No me gustaría estar en su pellejo.

Y, en el filme *Eldorado*, de Howard Hawks, el pistolero errante que interpreta James Caan, erguido como una estatua en los bordes circulares del volcán susurrador de una partida de póker, indaga:

JAMES CAAN: ¿No me recuerda?

JUGADOR: No.

JAMES CAAN: ¿Y al sombrero que llevo puesto?

JUGADOR: ¿Por qué demonios tengo que acordarme de su sombrero?

JAMES CAAN: Usted asesinó a un hombre que lo llevaba puesto. Fue hace dos años. Era jugador, como usted: un viejo al que llamaban Johnny Diamond. ¿Se le refresca la memoria?

JUGADOR: Lo recuerdo. Hacía trampas.

JAMES CAAN: Eso dijeron los otros, pero mentían.

JUGADOR: ¿Qué otros?

JAMES CAAN: Los que le ayudaron a usted a matar a Johnny Diamond.

JUGADOR: ¿Qué fue de ellos?

JAMES CAAN: Fallecieron. Juré matar a todos los que mataron a Johnny Diamond. Solo queda usted.

Aquellos viejos patriarcas, tipos broncos y miserables, obstinados como mulas y poderosos sedientos de más y más poder, marcados como furiosos toros por el hierro de una lucha que ocupó obsesivamente la totalidad de sus turbulentas vidas; aquellos otros, los ancianos rancheros ahogados por el rencor, cercadas sus propiedades y su alma por desgarradoras alambradas de espinos, dueños de feudos pasionales y violentos como los movimientos enloquecidos de sus manadas de reses en estampida; aquellos centauros de boca seca, eternos buscadores de abrevaderos de whisky y de agua, los *cowboys* febriles y apresados por la demencia al final de sus enormes y accidentadas travesías a través de praderas y desiertos; aquellos augures, los forasteros errantes y sin norte, estancados en medio de la tierra de nadie de la frontera y sometidos, como las flotaciones nocturnas, a los arbitrarios cambios de humor de las brisas mortales de un paisaje con el alma endemoniada; todos ellos son luminosos rostros de la galería de retratos negros que compone el lado oscuro de la luz del western. En *Cuatro confesiones* (*The Outrage*, 1964), de Martin Ritt, oímos esta cínica reflexión del gran cínico Edward G. Robinson:

> EDWARD G. ROBINSON: ¿Por qué la gente le tiene miedo a los muertos? Mis únicos amigos están muertos, porque solo de los muertos se puede fiar uno en estos cochinos tiempos. Huelen mal, pero los vivos también apestan.

Aquellos otros, los taciturnos pioneros, buscadores del origen divino de la propiedad, remedos rústicos de un Yahvé desconfiado y tramposo, que les ofreció un paraíso y entregó un infierno; aquellos blasfemos constructores de mapas, los que trazaron con la mirada las pistas sin vuelta atrás en los espacios abiertos o sobre las turbulencias de los ríos acosados, zarandeado su instinto de orientación por —bruscas como vendavales súbitos— compresiones o expansiones de los espacios que surcaban y demarcaban; aquellos penetradores de lo recóndito, los pioneros de los pioneros, que alcanzaron ese más allá del más allá, en cuyas penumbrosas puertas se detuvieron en seco los otros, los hombres del más acá: es decir, nosotros; aquellos despojos arrojados a las cunetas del gran camino, creadores de Historia expulsados de la Historia que ellos crearon y que ahora deambulan sin destino en medio de las imprecisas demarcaciones morales que separan a la civilización de la barbarie; todos ellos son también parte cálida e hiriente del lado oscuro de la luz del western. En *El juez de la horca*, el juez Roy Bean se ve importunado por uno de sus ayudantes, que le grita desde las calles del poblado:

> ALGUACIL: ¡Juez, dese prisa, juez; que van a hacer un linchamiento ilegal!
>
> PAUL NEWMAN: ¡Detened ahora mismo a esos criminales! ¡Aquí solo se lincha legalmente!

Y, finalmente, aquellos otros campeones del desarraigo, los burlones buscadores de patria, amarrados a un presente eterno que a su vez está sujeto a imprevisibles detenciones y aceleraciones; aquellos abnegados cultivadores de llanuras incultivables, que ahora yacen aplastados en vida por la gravedad de una tierra horizontal, por un escenario que es todo horizonte y que, no obstante, se les hace estrecho, angosto, cercado por remotos dioses hostiles; los habitantes de las esquinas irónicas de la seriedad que acompaña a los caminos sin término, trazados en la estancia derramada de una pradera sin límites, que de pronto se les hace opresiva y claustrofóbica; todos estos hombres son —unas veces de forma soterrada y otras con risotadas abiertas— los jugadores de la gran partida de nuestro tiempo, partes de la penumbra que envuelve al foco de luz de la aventura del Oeste. En *Young, Billy, Young*, dos de estos hombres cavilan sobre el punto exacto donde se encuentra su lugar en el universo cotidiano:

> CIUDADANO BEHAM: En esta ciudad hay dos aceras. Quien no está en una, está en otra. ¿En qué acera está usted, *sheriff*?
>
> ROBERT MITCHUM: Yo estoy en medio de la calle.

Lo que nos captura de estos burladores, de sus víctimas y de su imperturbable indiferencia ante el destino humano es que, aun siendo gente común, por un milagro de la situación en que se encuentran envueltos, están, pese a su inhabilidad, a la altura de la gran dificultad de un juego al que no saben jugar; y, en su prosaísmo, a la altura de la remota y perenne solemnidad del aparato formal de dicho juego. Hay en ellos, por la naturaleza de esa situación en que se encuentran, un lado descomunal en su condición de hombres comunes, y es esto lo que nos permite a los contempladores del Oeste —es decir, a los hombres comunes contemporáneos— reconocernos en ellos y soñar, espoleados por su elevación, en una inesperada resolución no trivial de nuestra trivialidad. Ahí reside el secreto de la fantástica capacidad de referencia a la cotidianidad que mantiene viva, desde hace casi un siglo, un género cinematográfico como el western, cuya materia es la representación de lo no cotidiano, de lo enorme, de lo *otro* por excelencia. El western, debido a esta circunstancia, tiende, y lo hace de manera más gratificadora que ningún otro conjunto de representaciones de la existencia contemporánea, los antiguos lazos anudados por el milagro escénico de la identificación; o, si se quiere, el secular e indescifrable misterio de la teatralidad pura, que siglos atrás encarnó el extinguido poema trágico. El hombre del Oeste, individuo sin otra vida interior que la derivada de la expansión espontánea de su exterioridad o de su gestualidad, vive y nos hace vivir a sus contempladores las ocultas sinuosidades de nuestra condición de seres ordinarios dotados para lo extraordinario, o, si se quiere, de esa excepcionalidad que hunde sus raíces en las brasas que se consumen en el interior del animal humano. En *El sheriff de Dodge City*, un rijoso ciudadano escarba entre las justificaciones que, para su mala vida, tiene el famoso *sheriff* y pistolero Bat Masterson:

> JOHN MCINTIRE: Es usted famoso por sus tres dedos, Bat: pulgar, índice y gatillo.
>
> JOEL MCCREA: Nunca hice otra cosa que defenderme.
>
> JOHN MCINTIRE: Lo malo de usted, Masterson, es que se defiende demasiado a menudo.

De entre todos los hombres del western, los que con mayor intensidad y facilidad logran incorporar a su dispositivo dramático este sorprendente lado excepcional de lo común, hay que buscarlos en la superpoblada galería de pistoleros, de hombres malos, que atraviesa de parte a parte la zona folclórica y la primitiva inocencia colorista del género. El pistolero, el malhechor, el forajido, el bandido, el proscrito, el *outlaw* —variantes de una misma figura, que durante el período de formación del mito se convino, en complicidad con una tortuosa ingenuidad nacionalista, en llamar «el malo»— son los personajes, o prototipos, que más y con mayor hondura han evolucionado a lo largo del período que abarca desde la plenitud hasta la áspera vejez —el medio siglo comprendido entre los años 1920 y 1970— del cine del Oeste. Y aquella identidad —recordemos que este y no otro es el principal rasgo definitorio de la *americanidad* de este tipo de filmes— entre gesto y alma, identidad tan estrecha que entra enteramente y sin apreturas en los límites de ese gesto, se pone de manifiesto, mejor que en ningún otro personaje del cine del Oeste, precisamente en el *malo* de la película.

El bandido del cine del Oeste exhibe ostentosamente su condición en el rostro, en los rasgos exteriores y más evidentes de su conducta, de su respuesta y de su atuendo, de su figura toda, foco irradiador de las ondas invisibles del peligro, pero al mismo tiempo pétrea, uniforme e introceable. El bandido es bandido de los pies a la cabeza por un decreto inapelable de la imagen cinematográfica *westerniana*. Su condición —como la del indio, lo que invita a ver en él signos de pertenencia a una raza aparte— es visible desde lejos y le acompaña por donde transita como una especie de aureola no angélica, sino endemoniada y maléfica. Al *malo* se le reconoce siempre a primera vista, como si su maldad fuera una automática deducción ética de su estética. Lo inquietante de su presencia está contenido en su ausencia; o, de otra manera, al mismo tiempo que enrarece y vicia las imágenes por donde pasa, vacía y desertiza aquellas donde no está. El *malo* ejerce su maldad a cuerpo limpio; no es un hipócrita, no puede serlo; no se oculta, aunque su oficio es no ser reconocido allí donde desciende de su caballo. Es un ser totalmente contenido en su apariencia; jamás niega su *maldad*, sino que, por el contrario, la acepta con resignación estoica y es fiel a las consecuencias, incluidas las más atroces, que de ella se derivan; es hombre de una pieza, forjado de una vez por la naturaleza, con la coherencia exterior y la cohesión interior de un mineral. Recordemos la réplica malvada del personaje Coby en *Cabalgada en el desierto*:

> COBY: Yo no pienso en lo que está bien, sino en seguir vivo.

El *malo* es un obseso y, por consiguiente, un artista de la supervivencia. Mata únicamente cuando es imprescindible matar, y lo hace sin pestañear, sin experimentar el más mínimo temblor en las alarmas de su conciencia, apaciguada esta vibración por la fatalidad de un mandato de orden superior que le obliga a seguir viviendo y siendo lo que es. Conoce mejor que ningún otro la tierra que pisa y de este conocimiento extrae otro más complejo, deductivo, de segundo grado: qué puede hacer y, sobre todo, qué no puede hacer en ella. A esto se debe que el *malo* sea un formidable explorador de las zonas más intrincadas, las parcelas vivientes del vasto cementerio del western: no remonta ríos, sino vidas; no viola praderas inocentes, sino conciencias culpables; raramente mata indios, pues su especialidad es mandar al otro mundo a matadores de indios; no pone alambradas alrededor de los campos de cultivo, sino alrededor de los pensamientos huidizos de sus cultivadores. Sabe, además, que esas sus exploraciones no tienen ni buscan salida alguna; y, en sus incursiones más allá del Oeste, no pretende eludir, pero sí escapar de las inesperadas derivaciones de sus actos; no rehúye estas derivaciones, las sortea; les da con sorna e indiferencia la espalda, pero no las teme. El *malo* Brian Donlevy nos lo confirma en *Cowboy*:

> BRIAN DONLEVY: Cuando se mata una vez, hay que seguir matando. No se necesita valor para hacer lo único que se puede hacer.

Hay un círculo, imposible de romper, alrededor de la tensa y silenciosa figura del *malo*; y él lo sabe: ha estudiado concienzudamente los despiadados mecanismos por donde se desencadena la hostilidad de la tierra que le rodea; pero, fiel a su infalible y expeditiva lógica, que en él adquiere la forma de un olfato en conexión eléctrica con el dedo de apretar el gatillo, actúa en consecuencia, sacando —con la rapidez con que saca el revólver de la funda— las conclusiones lógicas pertinentes. Estas conclusiones, pese a ser deducidas sobre el terreno y a velocidades felinas, alcanzan con frecuencia una desconcertante precisión. El malo, sabedor de que sus contenidos se agotan en su apariencia, cuida su cosmética meticulosamente y concentra su empeño en estilizarla, en darle un acusado sello propio, lo que le convierte en un esteta de la ejecución y en un degustador cínico de formas intransferibles de dar muerte violenta al otro, al que osa mirarle a los ojos, al que osa existir contra su existencia. Le obsesiona la plasticidad de su trabajo y procura deducir de su horror, honor; de su bajeza, elevación; de su insipidez, sabor. Si matar es «hacer morder el polvo», disparar es «dar gusto al dedo de apretar el gatillo». La muerte es su tajo, su tarea y, sobre todo, la acuñación, e incluso la escritura incunable, de su penetrante idea de la mala tierra y del peor tiempo en que le ha tocado vivir; o, más exactamente, sobrevivir. De ahí su peculiar manera de expresar, mediante su ironía, su fatalismo. En *La diligencia*, el viejo médico borracho *Doc* Boone no puede ser más explícito:

> DOC BOONE: No solo soy un filósofo, sino también un fatalista. Mire usted, amigo mío; en algún lugar, alguna vez, habrá una bala certera o una botella equivocada esperando a que por allí pase yo, Josiah Boone. ¿Por qué voy a preocuparme de cuándo y de dónde?

El fatalismo irónico del *malo* se pone de manifiesto en otras ocasiones a través del exquisito celo de que hace alarde al planificar su trabajo, un trabajo atroz, pero tocado por la condición siniestra de lo bello; rutinario, pero altamente arriesgado: un trabajo que no permite introducir en sus mecanismos improvisaciones ni cabos sueltos. El *bueno* Randolph Scott —volvemos de nuevo a *Los cautivos*, uno de los grandes capítulos de la enciclopedia *westerniana* elaborada por Budd Boetticher— pregunta al *malo* Henry Silva:

> RANDOLPH SCOTT: ¿A cuántos has matado hoy?
> HENRY SILVA: A siete.
> RANDOLPH SCOTT: ¿Cuándo crees que habrás matado a nueve?
> HENRY SILVA: Mañana.

En *El último pistolero*, dirigida por Donald Siegel —última película en la que pudimos contemplar a John Wayne antes de que, con sus pausados andares oscilantes, cruzase para siempre la frontera de los territorios situados más allá del Oeste—, el *sheriff* de la ciudad interroga a un viejo, obstinado y poco hablador pistolero, que ha venido a la ciudad para consumar un ajuste de cuentas pendiente:

> SHERIFF: ¿Has venido a matar a esos granujas?
> JOHN WAYNE: Sí.
> SHERIFF: ¿Cambiarás de idea?
> JOHN WAYNE: No.

Otras veces, la frialdad aparente de este portador de muerte adquiere resonancias esotéricas, perturbadoras a causa de ese su lado indescifrable. Aquel cuidado que el *malo* imprime en sus formas de traer la muerte; aquella aureola maléfica que lo envuelve en sus incursiones a este lado, el histórico, del Oeste; aquel su mimo al atuendo distintivo, adquieren tanta, tan honda ceremoniosidad, que dan un sesgo arcangélico a su hedor moral, haciendo de su presencia una aparición inesperada del perfil del *ángel de la muerte* y del *ángel exterminador*; es decir, a dos iconos incandescentes del infierno vecino, primordial: el primero, procedente del zumo de terror exprimido de algunos aborrecibles versículos de los mitos bíblicos; el segundo, arrancado de las pulsiones iconoclastas de la irrealidad y la superrealidad; esto es, emanaciones de un poema siniestro, oscuro y esotérico, que viaja embarcado como polizón de mundo en mundo, encerrado en las bodegas de universos estéticos flotantes, desamarrados y dementes.

Jack Palance, en la película *Raíces profundas*, antes de realizar uno de sus trabajos —en este caso, asesinar labriegos para despejar de parásitos la ambición de tierra de su patrón, un ranchero insaciable—, se coloca siempre unos suaves guantes de gamuza negra —con parsimonia calculada para contener las imprevisibles aceleraciones de los nervios—, con la delicadeza y el cuidado propios de un cirujano en un quirófano. El mismo preludio gestual practica Robert Vaughn en *Los siete magníficos*, de John Sturges. Por su parte, el pistolero Ronald Reagan, en la película *La reina de Montana*, de Allan Dwan, se presenta al ganadero que acaba de contratar sus servicios. El patrón observa que el revólver de Reagan está limpio, casi intacto; y esto le preocupa, porque es síntoma de desuso o de falta de entrenamiento. El patrón, alarmado, indaga:

PATRÓN: Me dieron buenas referencias de usted. ¿Por qué su revólver no tiene muescas?

RONALD REAGAN: Siempre uso una herramienta nueva para un trabajo nuevo.

Una respuesta higiénica; la propia de un trabajador que observa los usos de la probidad laboral en la ejecución de su tarea; la reacción del sentido del orden que preside la conducta de un profesional del desorden y la transgresión, conocedor de todos los recovecos utilitarios de sus herramientas de muerte. Esto es, ante todo, un revólver o un rifle: nada más que un útil de trabajo. Lo confirma un experto:

> SHANE: Un revólver es solo una herramienta de trabajo, como una azada. Es malo o es bueno según quien lo tenga en la mano.

En *Río Bravo*, un joven pistolero busca su modelo de perfección en el espejo que le ofrece caminar de frente, codo con codo, junto a un veterano del oficio:

> COLORADO: ¿Por qué siempre usa usted rifle?
> JOHN WAYNE: Porque descubrí que había otros más rápidos que yo con el revólver.
> COLORADO: ¿Lo tiene siempre cargado?
> JOHN WAYNE: No. Solo cuando lo llevo en la mano.

Y, poco antes, en el mismo filme, otra vez el mismo joven pistolero, Colorado (que interpreta Ricky Nelson), acude al *sheriff* (John Wayne) en busca de empleo:

> JOHN WAYNE: ¿Tú a qué te dedicas, Colorado?
> COLORADO: Soy guardaespaldas.
> JOHN WAYNE: ¿No eres demasiado joven para ser guardaespaldas?
> COLORADO: ¿Qué edad hay que tener para ser guardaespaldas? ... Me quedo con usted, *sheriff*.

JOHN WAYNE: ¿Para ayudarme a echar el guante al hombre que mató a tu jefe?

COLORADO: ¿Usted qué habría hecho en mi lugar?

JOHN WAYNE: A mí, en tu lugar, no me habrían matado al jefe ... ¡Andando, Colorado! ¡Vamos a dar trabajo al enterrador!

Así se pone de manifiesto, sin armadura protectora, en carne viva, la perturbadora contemporaneidad que el western nos ofrece, como antes apuntamos, del arcaico mito bíblico del *ángel de la muerte* y la no menos perturbadora cotidianidad con que nos hace sentirnos familiarizados, e incluso identificados, con la imagen iconoclasta y blasfema del *ángel exterminador*: dos incursiones sin vuelta en las ínsulas de los príncipes infernales. Uno y otro son, como un fontanero o un asesor fiscal, expertos profesionales, trabajadores altamente afinados de la fontanería del alma humana y de la asesoría fiscalizadora de las cloacas de esta. Estamos, por consiguiente, ante un asunto mayor de la aventura estética contemporánea: el trazado de los rieles por donde ha de ir —como el caballo de hierro, por fuerza, con determinación fatalista de lo irremediable— el vehículo que hace descender hasta el horizonte de la mirada de los hombres el ejercicio imaginario de lo descomunal. Aunque solamente sea por esto, el western merece un lugar propio e indiscutible entre las cumbres de la imaginación heroica y en esos difusos confines de la conciencia, donde lo bello coincide y se funde con lo malvado.

Richard Brooks realizó en *Los profesionales* un brillante y aparatoso western sobre la naturaleza de esa terrible profesionalidad. John Sturges, inspirado en *Los siete samuráis* (*Shichi-nin no Samurai*, 1954) de Akira Kurosawa, fue también al fondo de dicha condición en *Los siete magníficos*. En ambos filmes, como sucede en tantos otros del Oeste, el ejercicio lúdico del homicidio es representado como una profesión en sentido profundo, casi de orden religioso; es decir, algo que se profesa, como el eremita profesa su búsqueda de la santidad. En *Ataque al carro blindado*, de Burt Kennedy, dos pistoleros, John Wayne y Kirk Douglas, conversan sobre los entresijos de esa su profesión:

> KIRK DOUGLAS: ¿Siempre llevas el revólver puesto cuando estás en paños menores?
>
> JOHN WAYNE: No. Solo lo hago desde que te conozco ... ¿Tienes intención de dispararme por la espalda?
>
> KIRK DOUGLAS: Lo mereces.
>
> JOHN WAYNE: ¿Por qué?
>
> KIRK DOUGLAS: Me dejaste en ridículo. Eres el primer hombre que no ha muerto habiéndole disparado yo.

Del cultivo de la profesionalidad de la muerte emana la tortuosa evidencia de que matar es, más allá del Oeste, una forma superior de existir. El *malo* es, por esta causa, algo más complejo que un obseso de la propia supervivencia: es también un meticuloso elaborador de esa su supervivencia y, sobre todo, un refinado esteta de las formas de alcanzarla. La aureola del pistolero, su inconfundible signo o decreto de presencia, es una consecuencia de su esmerado cultivo de las apariencias, que unas veces se manifiestan en su aspecto de abandono y desaliento —por ejemplo, Lee Marvin en *La ingenua explosiva* (*Cat Ballou*, 1965), de Eliot Silverstein—; otras, en su atildamiento —Humphrey Bogart en *Oro, amor y sangre* (*Virginia City*, 1940), de Michael Curtiz—; otras, en su andar tenso con los brazos pegados a los costados —Henry Fonda en *El hombre de las pistolas de oro* (*Warlock*, 1959), de Edward

Dmytryk—; otras en su figura bravucona acodada de espaldas en la barra de un *saloon* —Scott Brady en *Johnny Guitar*—; otras, en su mirada hosca, fija y taciturna —Robert Ryan en *Grupo salvaje*, de Sam Peckinpah—. Máscaras. El ceño congelado de un individuo sin matices, dueño de un solo gesto rotundo: el de su obstinación sombría, sardónica, cerrada y, no hace falta decirlo, fatalista.

El *malo* es un experto en desenvolverse a sus anchas en el medio abrupto y hostil que le cerca: es un hombre en guardia. De ahí que sea muy raro ver a un *malo* desarmado. Un pistolero sin pistola se siente apresado por un raro pudor. En la jerga del mito, ir sin revólver es *ir desnudo*, la antesala del rubor. Y, sin embargo, Sterling Hayden no lleva armas —visibles al menos, pues esconde una pequeña pistola en el curvo interior de su guitarra— en su composición del pistolero a sueldo Johnny Guitar:

> McIvers: ¿Por qué no vas armado, forastero?
> Johnny Guitar: Porque no soy el más rápido al oeste del Pecos.

Por su parte, en *Río Lobo*, el coronel nordista que encarna John Wayne pregunta, ladeados sus ojos por la suspicacia y la extrañeza, a un ex oficial del ejército sudista, ahora convertido en un prófugo errante:

> John Wayne: ¡Alto, rebelde!
> Desertor sudista: No voy armado, coronel.
> John Wayne: Eso es lo que me inquieta.

El pistolero, cuando se mete en la boca del lobo, se disfraza de cordero; es decir, en la jerga del mito, se *desnuda*. Su defensa es entonces su indefensión, el ocultamiento a su adversario de su aparato mortífero, a la manera de un tigre de dibujos animados que, replegado sobre sí mismo, pretende hacerse pasar por un gato. Gregory Peck, en *El pistolero*, tampoco lleva armas visibles, pero, igual que Guitar, o que el oficial sudista que inquieta en *Río Lobo* a John Wayne, conserva el gesto y la marca intangible del exterminador profesional: la estela del perro perseguidor perseguido, esa que Tyrone Power imprime al desarmado Jesse James pocos instantes antes de que muera de espaldas a un mezquino aspirante a *yo-le-maté*, el villano Charles Ford (al que Sam Fuller dedicó *El hombre que mató a Jesse James*, uno de los primeros westerns sucios de la historia) en *Tierra de audaces* (*Jesse James*, 1939), de Henry King. Sin revólver, desnudo, agazapado como un felino detrás de su indefensión, huido, donde y como quiera que se encuentre, el *malo*, el pistolero, el profesional del homicidio a sueldo, seguirá siendo hasta el final lo que ha sido desde el principio.

Su abismal oficio, señalizado por reglas incodificables, impregna la atmósfera de los lugares por donde merodea con emanaciones nebulosas de su carácter, y hace reconocible a primera vista la condición *distinta* de quien lo ejerce. Con palabras más inteligibles, el antiguo pistolero Brian Donlevy, en *Cowboy*, nos ensancha aquella idea que nos dio antes de sí mismo:

> Brian Donlevy: Cuando un hombre alcanza la fama con el revólver, mal asunto: debe seguir matando, y ya no le es posible detenerse.

En forma de circunloquio y, por consiguiente, con la riqueza que esparce a su alrededor el dominio verbal de lo indirecto, el cínico y despiadado ex pistolero que interpreta Arthur Kennedy cambia impresiones sobre el mismo asunto con otro, más serio y apacible, ex pistolero, encarnado por James Stewart. Estamos nuevamente en medio de los inmensos valles ensangrentados donde Anthony Mann realizó *Horizontes lejanos*:

> Arthur Kennedy: ¿Cómo está el viejo?
> James Stewart: Duerme.
> Arthur Kennedy: Es duro ese viejo.
> James Stewart: Está preocupado.
> Arthur Kennedy: ¿Por qué?
> James Stewart: Por ti. Te vas a casar con su hija y me temo que sospecha lo que fuiste hace años, en Missouri.
> Arthur Kennedy: ¿Y qué pensará cuando se entere de lo que fuiste tú?
> James Stewart: Para entonces habré cambiado de vida.
> Arthur Kennedy: No te dejarán cambiar de vida. ¡Quien una vez fue Clint MacLintock, seguirá siendo siempre Clint MacLintock!

Un cerco de nombradía es también una aureola, pero en sentido más preciso que el antes enunciado: la puesta en marcha de un mito viviente. Si la muerte es en el western obligatoriamente ritual, el ejecutor de esa muerte debe por fuerza ser un personaje oficiante, un sacerdote. Hay por ello necesidad de grandilocuencia, de aparato externo para la celebración de un culto, en la aureola siniestra que rodea al pistolero, aunque solo sea por mandato del principio de correspondencia de formas: el modo de hacer debe estar a la altura de la naturaleza de lo que se hace. Los bandoleros de *El vengador sin piedad*, de Henry King, parlamentan en un alto en el camino:

STEPHEN BOYD: ¡Alguien nos sigue!

ALBERT SALMI: Solo hay un hombre capaz de hacerlo: ¡el forastero con ojos de perro de presa!

STEPHEN BOYD: ¡Pues hay que matarle!

ALBERT SALMI: ¡Id delante! ¡Yo me encargaré de él!

STEPHEN BOYD: ¿Por qué tú?

ALBERT SALMI: Porque soy más rápido que todos vosotros, y porque me pone nervioso llevar a alguien detrás.

La aureola de mito viviente es el otro lado de aquella banalidad a que nos referimos antes: la resolución no común de nuestra condición de hombres comunes. El mito se funda en el hecho de que el pistolero es el sacerdote de una misa homicida —un sacrificio en sentido literal— que es fascinadora porque es imposible de imaginar fuera de una moral en la que se combinen, sin frontera que las diferencie, la elegancia y el refinamiento con la barbarie y el arcaísmo. En su «tener que seguir matando», Donlevy expresa con insuperable economía la fatalidad que arrastra la figura del pistolero del western, del *malo* por excelencia. Sin embargo, este personaje de *Cowboy*, detrás de su clarividencia, carece de fundamento para proclamarse una personalidad de rango superior a los rastreros vaqueros con quienes ahora convive.

Por el contrario, Donlevy está a la altura exacta de los pobres hombres de su nuevo oficio: es nada más que un miserable jornalero; y en esto también es consecuente el pistolero, hombre ampuloso y retórico, pero coherente donde los haya, con su destino: es un individuo que depende de un sueldo, un trabajador de rutinas que emplea su mito como herramienta de trabajo, lo que le convierte en un explotado, en un temible abandonado —y ahí está otro eco de aquella formidable frase de nuestro conocido forajido Boone: «Un hombre se interpone entre yo y mi libertad»— que siempre encontrará, a la vuelta de cualquier esquina, detrás del abanico de la puerta oscilante de un *saloon* de cualquier poblado de paso, a otro hombre con la pistola urgida y dispuesta para quitarle de en medio: es decir, ese invisible hombre sin nombre que eternamente se interpone entre el forajido Boone y su soñada libertad. De ahí se deduce que —como en el caso del vaquero, pero crispado por el temblor de su desalmado oficio— el *malo* del western es un vacío recubierto de plenitud, una forma humana de mínima existencia envuelta en máxima retórica. Como la muerte misma, su sacerdote supremo, pierde en el western todo contenido y se nos hace frente a los ojos pura forma, solo forma, nada más que forma. Dentro de él, nada. Una nada al mismo tiempo angélica y diabólica; benévola y terrorífica; melancólica e irónica.

El encuentro con este formalismo tan estricto, fascinador y mortal, de la figura del *malo*, es uno de los rasgos profundos del western en cuanto género y en cuanto trasfondo alegórico de nuestro tiempo. Volvamos a la observación de Baldelli: ¿por qué el cine del Oeste satisface la infancia (insatisfecha) del espectador adulto? Sin duda porque este espectador puede reconocer en este universo imaginario una manera secreta, prohibida a cal y canto, de alcanzar la mayoría de edad; es decir, un gratificante brote de plenitud para lóbregos sueños ahogados en la niñez; deseos a los que el tapón de la civilización les negó cualquier salida por los albañales de la conducta y se quedaron en muñones de antiguas ambiciones sofocadas e inconclusas. El niño pistolero que interpreta Audie Murphy en *La última bala* explica su ingreso en la casta sacerdotal de los oficiantes de la muerte en estos convincentes términos:

AUDIE MURPHY: ¡Tú no puedes saber qué significa ser el hermano menor! ¡Sermones por todas partes! Pero un día aprendí a usar el revólver y desde entonces dejé de ser un hermano menor.

«Sermones por todas partes», dice el gran niño Audie Murphy. En una sociedad sermoneadora, sobrecargada de mandatos morales, la capacidad para matar es el tránsito a una mayoría de edad no meramente simbólica —como lo es el trámite legal consistente en atravesar una vulnerable frontera de edad establecida por una vulnerada ley—, si no real, palpable, efectiva y determinante, en términos absolutos, de la situación en el mundo en que se encuentra quien la experimenta. El homicidio ritualizado, como la ceremonia del sacrificio lo era en la Biblia, es en el western un recurso que acelera la consagración como del niño inacabado que se agazapa detrás de quienes alcanzamos la mayoría de edad mediante la ficción de una ley que así lo sanciona y decide. Un ciudadano de orden habla a su timorato hijo, en realidad un buen muchacho, en una escena de *Incidente en Ox Bow* (*Ox Bow Incident*, 1943), dirigida por William Wellman:

CIUDADANO: Quizás el hecho de que tomes parte en un linchamiento consiga de ti lo que yo no pude lograr: convertirte en un hombre.

La nómina de niños asesinos del western está superpoblada y contiene algunas individualidades notables, comenzando por la ilustre colección de mitos históricos que encabezan William H. Bonney —conocido en la historia universal de la infamia con el nombre de Billy *the Kid* o Billy *el Niño*— y Jesse James, entre otros. Ambos fueron individuos verídicos, que han proyectado sobre el cine del Oeste incontables y alargadas sombras imaginarias: la grande, sombría y conmocionadora ficción del adolescente que encuentra, en el uso formalizado y sacralizado de las herramientas de matar, el camino metafórico que le conduce a la plena posesión de la propia identidad y de la propia hombría. Dice Rock Hudson en *Fiebre de venganza*:

> ROCK HUDSON: He aprendido que un hombre, en estas tierras, tiene que crecer por sí solo, sin tener en cuenta la estatura de su padre.

La figura del gran niño asesino, Billy the Kid, que fue esbozada por vez primera por King Vidor en uno de los primeros westerns sonoros, colma aquel ya referido fondo erótico que palpita en las sombras subterráneas del universo del Oeste. Este fondo es revelado aquí a través de la rememoración del sentimiento de pérdida irrecuperable de la edad de oro, del paraíso perdido, que es un sentimiento común a millones y millones de hombres del siglo XX: aquellos que sintieron que la niñez fue su tiempo efímero de libre luz diurna y el ascenso al tiempo adulto se les aparece ahora como un descenso a las cavernas de la servidumbre. Desde estas cavernas domésticas, incontables pobladores de este siglo encontraron, en el retorno de su mirada a la era fundacional del western, y a través de la figura del *niño malo*, del *Kid*, una resolución sorprendentemente satisfactoria a sus vacíos personales más lejanos y perturbadores.

El *malo*, y en especial el *niño malo*, se convierte entonces en el punto de reconciliación entre dos pulsiones contrarias, que conviven en ellos enemistadas, desde que la ficción de una ley decretó que eran mayores de edad, es decir, dueños de sí mismos. Si detrás de la máscara del *malo* descubrimos que en realidad se escondía un pobre diablo, este pobre diablo esconde a su vez, en las oquedades de su retórica aureola de gran diablo, una ambición tan común como la del granjero, como la del campesino que busca una parcela donde instalar los mojones de una cerca tras la que atrincherar su miedo al mundo. Mata bellamente, rodea a su figura con el perfil grandilocuente del *ángel exterminador*, despierta por donde pasa temor y temblor y, sin embargo, ¿con qué sueña? ¿Qué ambición tensa el ánimo este jornalero mitológico? Veamos unas pocas muestras, comenzando por la que nos ofrece en bandeja un viejo conocido, el forajido Boone (Pernell Roberts) durante una inagotable *Cabalgada en el desierto*, perseguido por la cámara de Budd Boetticher:

> BRIGADE: ¿De dónde sacarías el dinero, Boone?
>
> BOONE: Lo ganaría.
>
> BRIGADE: ¿Cómo? ¿Asaltando diligencias y matando?
>
> BOONE: Eso se acabó para mí.
>
> BRIGADE: *(Escéptico.)* ¿Tú crees, Boone?
>
> BOONE: Te lo aseguro, Brigade. Cuando se llega a mi edad hay que tener algo propio: una familia y el orgullo de tenerla.
>
> BRIGADE: Sí, eso dicen.
>
> BOONE: Tengo un terreno. Compraré reses y trabajaré la tierra. Así podré sentirme como los demás.

El cazador escéptico Ben Brigade sonríe incrédulo, espolea su caballo y se adelanta a su compañero de travesía del desierto. En *Los cautivos*, otra película de Boetticher, el malhumorado jefe de los bandoleros —que interpreta Richard Boone, figura sobria, amarga, despojada, que ejerce la profesión del crimen con un rigor casi monacal— conversa amigablemente con uno de los cautivos que conduce por la planicie:

BANDIDO: ¿Está usted casado?

CAUTIVO: No.

BANDIDO: No es bueno vivir solo.

CAUTIVO: Tal vez.

BANDIDO: No, no es bueno. Se termina hablando de mujeres y de alcohol, y eso es insano incluso para un hombre que tiene tan pocos escrúpulos como yo ... ¿Cómo se gana usted la vida, amigo?

CAUTIVO: Tengo un rancho.

BANDIDO: Algún día yo también tendré uno.

CAUTIVO: ¿Cree que lo conseguirá matando?

BANDIDO: A veces no se puede elegir.

Por su parte, así diagnostican sus vidas errantes los dos pistoleros vagabundos de *Horizontes lejanos*, de Anthony Mann:

WALTER BRENNAN: ¡Siempre viajando! ¿Dónde acabará nuestro viaje?

JAMES STEWART: Tal vez en un rancho, en Utah.

Y el anciano-niño de Missouri, que en *El día de los tramposos*, de J. L. Mankiewicz, lleva medio siglo en la cárcel, donde purga sus olvidados atracos a los trenes, monologa:

BURGESS MEREDITH: Hace veinticinco años, cuando me di cuenta de que nunca podría escapar de esta maldita cárcel, encontré una solución para no volverme loco: inventé una granja. Es pequeña. Solo tiene veinticinco acres. Cuando las cosas se ponen feas por aquí dentro, cierro los ojos y la cultivo.

Cabe una ilustración más, esta verídica. Jesse James, uno de los terroríficos adolescentes del *Far West*, aspiró a lo largo de su corta vida a esta tan pequeña cosa: instalar una tienda en una aldea tranquila y apartada del Medio Oeste. Fiel al mito, no lo consiguió. Esto no le hubiera complacido a uno de los linchadores borrachos de *Incidente en Ox Bow*: aquel que se encara ante un ciudadano de orden, que parece no estar muy conforme con lo que este sujeto y su cuadrilla se disponen a hacer:

> LINCHADOR: *(Borracho.)* Lo malo de ti es que no ves ganancia en linchar a un tipo. ¡Eres tendero desde hace demasiado tiempo!

Los hilos que mueven los gestos ceremoniosos del pistolero, del *malo*, son los mismos que tensan la quietud del granjero, del *bueno*. Hay entre ambos muchas ambiciones similares y una sola, muy marcada, diferencia: la manera que tiene cada uno de ellos de intentar hacer reales esas ambiciones. Pero las maneras del pistolero son contagiosas y el colono las adopta mediante un mimetismo cuya existencia pone de manifiesto que, sin necesidad de decirlo, reconoce la superioridad del pistolero a la hora de diagnosticar qué tipo de tierra pisan ambos. En *Río sin retorno*, de Otto Preminger, el granjero Robert Mitchum adiestra a su pequeño hijo en el manejo del rifle. Le dice:

> ROBERT MITCHUM: Lo importante es dar en el blanco con la primera bala, hijo. De lo contrario ya no tendrás ocasión de disparar otra vez ... Esta tierra es nuestra. Venga quien venga, nos quedaremos en ella o debajo de ella.

Robert Mitchum no es, como les ocurre a los pistoleros errantes, un soñador carroñero, aspirante a convertirse en dueño de una casa, de un jardín y de una cerca que lo aleje del mundo:

ya posee todo eso. Es un *bueno* ejemplar, un honorable granjero que, a su manera también honorable, se enfrenta a la amenaza impersonal de su tierra con la misma atrincherada lógica que un *malo* común, lo que empaña y hace equívoca a su *bondad*. Incluso el que posee la tierra del Oeste sabe que hay una zona no enteramente poseída, ni completamente dominada —ese su *más allá*— de esa tierra. Igual que el muchacho pistolero de *La última bala*, el hijo de Robert Mitchum en *Río sin retorno* alcanzará la condición de adulto aprendiendo cómo se maneja un arma. La edad de matar coincide así en el western con la edad de engendrar: nueva e inquietante rugosidad interior de la llana superficie de este género, nacido limpio y ensuciado por su permeabilidad para los malos humores de la historia contemporánea, que es su infeliz destinataria.

El *malo* es oscuro fetiche erótico que encarna abiertamente, sin pudor ni hipocresía alguna, lo que el *bueno* filtra a escondidas en los pliegues invisibles de su conducta, a través de los canales inconfesables de la inconsciencia y del instinto adquirido. De ahí la superioridad del primero, su mayor poder como fuente de identificación del espectador, pues este se reconoce a sí mismo en ambos, en el *malo* y en el *bueno*, pero entrevé en el primero alcances mucho más profundos en el buceo de su propio pozo interior. En este buceo, la identidad del espectador se reconoce a sí misma en esa su desalmada pasión, consistente en poner un cerco defensivo a su hábitat y llevar este cerco a sus últimas consecuencias: hasta ese límite de la defensa a «cualquier precio», que incluye a la muerte como moneda de curso legal. Y es este un rasgo macabro que iguala al granjero con el pistolero y a ambos con sus espectadores, repartidos en oscuras salas mágicas a lo largo y a lo ancho de la civilizada superficie del siglo XX. El cine del Oeste proyecta en la pantalla los aspectos más turbios de la cotidianidad de los hombres de nuestro tiempo, como son la ausencia de horizonte; la añoranza del ejercicio violento tanto de la sexualidad como de la propiedad, consideradas una y otra caras complementarias de una misma moneda no cotizable en los mercados de la moral establecida, pero mucho más valiosa, por ser mucho más escasa, que la moneda corriente, devaluada por la coraza de la hipocresía.

El *malo* mitológico, el pistolero *westerniano*, aspirante a una consideración de honorabilidad que su manera de pisar la tierra le niega, se enfrenta cara a cara con esta tierra y, como luchador ingénito que es, se encuentra por lo general a la altura de su gesto. Hay gallardía y solemnidad en él. Pero, como les ocurre a las grandes fieras, este individuo tiene a su alrededor bestias menores, parásitos y merodeadores. Al mito del pistolero acecha siempre una sombra rastrera, el contramito del *villano* o del rufián. Aunque ambos se encuentran casi siempre hombro con hombro en el mismo lado de la barricada, son figuras no solo muy distintas, sino incluso contrapuestas. En *Muerde la bala*, el pistolero James Coburn se pierde en la planicie. Ve a un campesino que cava parsimoniosamente su parcela de tierra y se dirige hacia él:

JAMES COBURN: *(Detiene el caballo e, inclinado sobre la silla, se dirige amablemente al labriego.)* ¡Eh, amigo! ¿Puede decirme por dónde se va a Junction City?

CAMPESINO: *(Sin levantar la mirada de la tierra, postura que conserva durante toda la conversación.)* Yo no soy su amigo.

JAMES COBURN: Está bien, no amigo. ¿Puede decirme por dónde se va a Junction City?

CAMPESINO: No.

JAMES COBURN: ¿No lo sabe?

CAMPESINO: Sí, lo sé.

JAMES COBURN: ¿Y no va a decírmelo?

CAMPESINO: No.

JAMES COBURN: ¿Sabe que es usted un hijo de perra?

CAMPESINO: Sí, sé que soy un hijo de perra, pero el que no sabe por dónde se va a Junction City es usted.

El pistolero acepta su juego y, por consiguiente, respeta escrupulosamente las leyes del ritual que oficia, meticulosamente formalizado. El villano, en cambio, no acepta más leyes —o, en rigor, la ausencia de verdaderas leyes— que las amorfas del juego sucio. Oigamos a un sujeto que sabe mucho de esto: John Wayne en una escena de *Río Bravo*:

CACIQUE: ¿Qué ha hecho mi hermano para que lo encarcele?

JOHN WAYNE: Cuando un hombre con revólver cae muerto de un tiro, puede haber dudas. Pero si el que cae está desarmado, ¿cómo llamaría usted a eso, Natham?

Por su parte, el *villano* Richard Widmark mira de reojo, desconfiado y con evidente mala catadura, al *malo* Gregory Peck, en *Cielo amarillo*:

RICHARD WIDMARK: No me iré de aquí sin haberme cargado a ese tipo.

FORAJIDO: ¿Por qué?

RICHARD WIDMARK: Me gusta dormir por las noches.

La retórica visual del pistolero está adornada con cierta sensación de grandeza; las apariencias del villano son, por el contrario, estrechas y anodinas. El pistolero es una fiera; el villano, una alimaña. El pistolero es un animal depredador; el villano, un animal carroñero. Otra vez en la trepidación de *Los cautivos*:

> VILLANO: *(Cuando está a punto de ser colgado por cobarde, pide una última voluntad.)* ¿Puedo despedirme de mi mujer?
>
> PISTOLERO: La saludaremos en su nombre.

El pistolero cultiva con esmero su mito; el villano descuida el suyo. El pistolero es una ficción de tenso dramatismo; el villano es la sombra realista de esa ficción. Conversan un pistolero y un campesino, en una escena del filme de Martin Ritt *Cuatro confesiones*:

> PISTOLERO: ¿Quién es ese?
>
> CAMPESINO: Un viejo canalla.
>
> PISTOLERO: ¿Se puede en estos tiempos llegar a viejo sin ser canalla?

El pistolero es poema; el villano es documento. El pistolero mata de frente; el villano, por la espalda. El pistolero comprende el sentido de las amenazas salvajes de su medio y las afronta con un signo de fatalidad en el gesto; el villano se camufla en los recovecos del salvajismo y acecha desde ellos bajo el signo de la intriga, la emboscada, la depravación y la arbitrariedad. El pistolero hace geometría con su crueldad, sirviéndose del rigor formal e incluso formalista de sus homicidios; el villano animaliza la muerte y no es cruel, sino brutal. El verídico y pintoresco juez-delincuente Roy Bean, que interpreta Paul Newman en *El juez de la horca*, de Huston, sabe distinguir a la perfección entre uno y otro:

VILLANO: ¿Me va usted a ahorcar?

ROY BEAN: Morir ahorcado es el glorioso final de los bandidos. ¡Demasiado bueno para ti!

El pistolero contrasta con el paisaje, se eleva sobre él y, por ello, cuando camina o cabalga arrastra detrás de sí una estela de distinción; el villano, en cambio, es parte del paisaje, naturaleza indistinta. El pistolero es un individuo solitario y taciturno; el villano, por su parte, es un ser gregario y comunicativo. El villano parlanchín Burt Lancaster (Joe Erin) se explica de la siguiente manera ante el severo y parco en palabras pistolero Gary Cooper (Ben Trainer). Nos encontramos en un alto en el largo camino de *Veracruz*, de Robert Aldrich:

JOE ERIN: ¡Ben Trainer, amigo mío, me recuerdas mucho a mi padre adoptivo! Se cargó a mi verdadero padre después de jugar con él una partida de póker y le dio tanta lástima de mí, que me adoptó. ¡Era un buen tipo, mi padre adoptivo! Solía aconsejarme: «Muchacho, no te fíes ni de quien tengas que fiarte». Tenía razón el viejo: me lo cargué por la espalda en cuanto aprendí a usar el revólver. Ahora que me doy cuenta, eres el primero a quien cuento mi vida. ¡Ben Trainer, amigo mío, creo que te aprecio! ¿No te dije nunca que me recuerdas a mi padre adoptivo?

Es lo mismo que, con menos ornamentos, afirma el turbio bandolero fronterizo que encañona a Lee Marvin en *Los profesionales*:

BANDOLERO: ¿Tendré que matarte para demostrarte que me caes bien?

Entre el pistolero y el villano hay la misma identidad y la misma diferencia que existe entre el cuervo y el gusano: ambos viven de la muerte y el despojo, pero el primero extrae de su tarea un enigma, mientras que el segundo es un ser tautológico y ningún signo extrae de sus actos. El pistolero es lacónico, va siempre al grano, su habla es sustantiva; en cambio, el villano es parlanchín y le gusta expresarse a través de circunloquios, es adjetivo. He aquí una muestra de la escena de la barbería en *Río Lobo*:

> BARBERO: ¿Cómo se llama usted, forastero?
> JOHN WAYNE: A usted qué le importa.
> BARBERO: Gracias, señor A-usted-que-le-importa.
> JOHN WAYNE: Mejor será que me llame McNally.

Robert Ryan en *Grupo salvaje* es un pistolero; Robert Ryan en *Los implacables* es un villano. Henry Fonda en *Cazador de forajidos* es un pistolero; Henry Fonda en *El día de los tramposos* es un villano. Richard Widmark en *El sexto fugitivo* (*Backlash*, 1956), de John Sturges, es un pistolero; Richard Widmark en *Cielo amarillo* es un villano. El ascético pistolero Frank, que Richard Boone interpreta en *Los cautivos,* mata únicamente cuando matar es una cláusula tácita e impuesta por la lógica de su trabajo. Su trabajo es el despojo, el atraco, y este con frecuencia incluye la muerte del otro; pero Frank jamás desperdicia, en la servidumbre de la supresión de la vida ajena, ni un solo átomo de su propia energía. Dos villanos merodean constantemente en sus alrededores y, aunque Frank los desprecia, acepta su presencia porque necesita —como los dioses a su corte de demonios— sus servicios para llevar a cabo las tareas sucias. Uno de estos sujetos, Jim, es un psicópata, cuya mayor ambición es matar a una mujer y se duele de no haber tenido nunca ocasión de cumplirla. En un recodo del camino, Jim asalta a la muchacha que llevan cautiva, e intenta violarla. Frank le sorprende en plena faena y ordena al otro villano, un poseso homicida llamado Billy, que mate inmediatamente al violador. Billy, entre carcajadas incontenibles, acribilla a Jim. La terrible escena es contemplada por el otro cautivo, el bueno, que intepreta Randolph Scott:

> RICHARD BOONE: ¡Mata a esa alimaña, Billy! ¡Mátalo! *(Billy saca el revólver de la funda y vacía, entre risotadas, el cargador en el cuerpo de Jim, que se retuerce y finalmente muere.)*
>
> RANDOLPH SCOTT: No debió hacerlo.
>
> RICHARD BOONE: ¿Por qué?
>
> RANDOLPH SCOTT: No está bien.
>
> RICHARD BOONE: ¿Acaso le parece a usted bien lo que intentaba hacer ese tipo?
>
> RANDOLPH SCOTT: ¿Y a usted le parece bien mandar matarlo a balazos?
>
> RICHARD BOONE: Si no ve la diferencia, no seré yo quien se la explique.

El *bueno* Randolph Scott es efectivamente demasiado obtuso para captar esa diferencia a que se refiere el malo Richard Boone: no ha sabido entrar en la verdadera naturaleza de la situación e ignora las férreas reglas que rigen la conducta de los tres personajes que protagonizan la compulsiva reyerta. Para Frank, el hecho de raptar a la mujer que estuvo a punto de ser violada por Jim es una cuestión estrictamente profesional, e intentar su violación le parece un *adorno* inaceptable, pues puede deteriorar la *mercancía* y hacerle perder valor a la hora de pedir el rescate. Más adelante, Frank vuelve a la carga: «El negocio es el negocio», o, en palabras en clave negra del Hombre Gordo en el *El halcón maltés* (*The Maltese Falcon*, 1941), de John Huston: «¡Me ponen nerviosos los tipos que desprecian el dinero! ¡No los soporto!». El crimen, para un verdadero pistolero, no debe buscar la satisfacción de un instinto, sino que ha de someterse a las condiciones impuestas por la empresa en que se produce; es decir, al conjunto de reglas utilitarias de un oficio que, para colmarse, a veces obliga a cometerlo. Solo hay, por ello, una posibilidad de verdadero crimen profesional: el irremediable, el que es deducido de la fría hoguera anímica que lo desencadena. Estamos nuevamente en *Cabalgada en el desierto*: actúan James Coburn (Wid), Pernell Roberts (Boone) y Karen Steele (Carrie):

> WID: Sam, ¿cuándo piensas matar a Brigade?
>
> BOONE: Pronto.
>
> WID: Tendrás que hacerlo, pero estaba pensando que no va a resultar fácil hacerlo.
>
> BOONE: Es cierto: no puedo matarlo por la espalda.

Y, más adelante:

> BOONE: Señora Lane, quiero decirle que me gustaría que se viniese conmigo. Yo cuidaría de usted.
>
> CARRIE: ¿Así que pretende casarse conmigo? ¿Cuándo? ¿Antes o después de que le ayude a enterrar a Ben Brigade?
>
> BOONE: Señora Lane, a veces uno está obligado a hacer ciertas cosas.

Oímos antes las palabras con que Robert Mitchum adiestraba a su pequeño hijo en el manejo de las armas: la imagen transparente del *bueno* acepta de buen grado el contagio de las aguas contaminadas que riegan los comportamientos del *malo*. La bondad del *bueno* es, por ello, cuando menos ambigua, pues está impregnada por una sombra de la *maldad*; pero también, y con mayor dureza, es ambigua, la maldad del *malo*, hasta el punto de que el western, en su fase adulta, nos propone infinidad de veces dos formas no solo divergentes sino incluso contrarias de *maldad* y de *bondad*, coexistentes en un mismo personaje. Por esta razón, la consideración del cine del Oeste como un monumento moderno del viejo orden maniqueo —que levanta muros infranqueables entre las nociones de bien y de mal— se resquebraja. Decíamos antes que, entre los canales de aprovisionamiento de la conflictividad del western, hay que contar la rememoración nostálgica de un mal concebido como bien. Ahora es posible ir más lejos: tal contrasentido es uno más de aquellos desacuerdos ácidos en los que se disolvía el inicial aliento optimista del rito *westerniano* y daba lugar a la aparición en él de un inesperado sesgo pesimista, que transforma a unos relatos con inclinación hacia el folclore y la evocación, en una fuente de representación de los conflictos mayores de la existencia.

Las imágenes del *bueno* y del *malo* son, en el cine del Oeste, discernibles al primer golpe de vista. Se sabe con exactitud quién es el *malo* y quién el *bueno*, como en las representaciones teatrales griegas se sabía, sin dejar abierto ningún resquicio para la duda, quiénes eran el protagonista y el antagonista del suceso, por el lugar que cada uno de ellos ocupaba en la escena. En el western, a medida que la cámara va penetrando en los meandros del relato, y gracias a la precisión alcanzada por el estilo analítico del Hollywood de la plenitud, se van desvelando grano a grano los recovecos interiores que esconden esas imágenes convenidas; y, en el decreto visual del *este es el bueno* y *este es el malo*, se produce una porosidad recíproca y un trasvase de funciones entre las imágenes del *bueno* y el *malo*, que otorga a este una indefinible y envenenada bondad y a aquel una aún más difusa nube de maldad perfumada.

La aparición del villano, en cuanto contrapunto malo del *malo*, ocurre en un recodo del relato donde este gana, gracias a esa aparición, la anchura de lo ambiguo. Películas como *Apache* y *La venganza de Ulzana* (*Ulzana's Raid*, 1972), de Robert Aldrich, *Incidente en Ox Bow* o *El último cazador* son, expuestas a la luz que zarandea la mirada en el referido recodo, toda una averiguación en el interior de ese desdoblamiento. En estos y otros muchos filmes clásicos del género, sin necesidad de recurrir a ningún forzamiento en su interpretación, podemos acudir, para emplearla como clave de su inteligibilidad, a la teoría crepuscular del western sucio —*Duelo en la alta sierra* (*Ride the High Country*, 1962), de Sam Peckinpah y su larga estela posterior—, en el que las tradicionales demarcaciones maniqueas ya se han borrado por completo, cuando no se han invertido. Es entonces cuando salta, desde los entresijos del telón de fondo al escaparate del proscenio, la informe figura del villano, que pertenece por derecho a la iconografía del western desde los orígenes, pero que generalmente se mantenía en un discreto segundo término. Desde ese impreciso instante, el villano se convierte en omnipotente juez de la partida y el western —apoteosis de un mal parto histórico— abre de par en par sus anchas puertas, hasta entonces solo entreabiertas, a la representación descarnada del aborto de la villanía, la bajeza y la indignidad humanas.

En el interior de la diligencia fordiana, el viejo *Doc* Boone —el legendario médico borracho que fijó en la pantalla para siempre Thomas Mitchell— expulsado de la ciudad junto con otro desperdicio humano, la prostituta Dallas (Claire Trevor), fuma un maloliente cigarro puro, sin percatarse de que el humo molesta a una delicada compañera de viaje, Lucy, una dama embarazada, esposa de un oficial del Séptimo de Caballería. En la diligencia viaja también el desdeñoso y elegante jugador Hatfield (John Carradine). Es este un indidivuo marcado por su condición derrotada de caballero sureño, una marca de clase que le hace estar pendiente de cada necesidad de la dama, al mismo tiempo que, por esa su condición de caballero, no se digna dirigir ni una mirada a la prostituta Dallas. Lucy tose a causa del humo:

> HATFIELD: *(Autoritario.)* ¡Tire ese cigarro! ¡Está molestando a la señora!
>
> DOC BOONE: Perdone, señora. *(Hace una caballerosa inclinación de cabeza a Lucy. Esta, sonriente, le devuelve el cumplido. Doc Boone tira su cigarro por la ventanilla del vehículo.)* Siendo como soy tan particular para el tabaco, a menudo olvido que mis gustos difieren de los demás.
>
> HATFIELD: *(Con aires de superioridad.)* Un caballero no debe fumar en presencia de una dama.
>
> DOC BOONE: *(Mira de reojo a Hatfield y responde con ironía.)* Hace tres semanas le extraje una bala a un hombre que había sido herido por un caballero. La bala estaba en la espalda.

Se ha encerrado al villano dentro de unas coordenadas que sitúan su lugar en la escena en el punto que corresponde al antagonista del caballero. El viejo *Doc* Boone asesta una puñalada mortal a este error de geografía dramática cuando nos da noticia, mientras mira irónicamente al engolado sureño Hatfield, de que hay un caballero que comete actos de villanía sin dejar de ser caballero. El río del western arrastra muchos maderos de esta calaña: Clark Gable en *Los implacables* es un caballero sureño que, sin abandonar nunca las formas urbanas de su condición, no tiene inconveniente, ni encuentra en ello contradicción alguna con su caballerosidad, en ejercer como salteador de caminos. Más o menos, es lo mismo que le ocurre a Kirk Douglas en *El último atardecer* (*The Last Sunset*, 1961) de Aldrich; a Walter Huston en *El bandido* (*The Outlaw*, 1943) de Howard Hughes; a Stuart Whitman en *Los Comancheros*, de Curtiz; a Herbert Marshall en *Duelo al sol*. Y lo que les ocurre a infinidad de personajes, por lo general políticos, antiguos militares, potentados sin blanca y aristócratas de estirpe venida a menos, que se mueven como hormigas en la ancha zona abierta del telón de fondo de la escena, sin fondo, del rito *westerniano*.

La caballerosidad se hace así disfraz aseado de la mugrienta villanía. *Cowboy*, de Delmer Daves, es la historia de la conversión en villano de un caballero, así como del descubrimiento de que aquel estaba naturalmente contenido en este. Jack Lemmon, un atildado caballero de Chicago, aprende, sin destruir su caballerosa educación, que:

> JACK LEMMON: ¿Desde cuándo un hombre tiene más valor que una vaca?

El caballero Lemmon es, pues, un perfecto villano y, como tal, al contrario que el pudoroso lobo pistolero, que el malo mitológico, carece por completo de pudor. Un villano es un caballero al que los vientos del Oeste han despojado de las epidérmicas capas de urbanidad que le cubrían, y que ahora, a merced de la intemperie, no se esfuerza en ocultar bajo la limpieza de sus modales la suciedad de sus comportamientos profundos. La marca del villano es por ello su ilimitada impudicia. En *Cielo amarillo*, el villano Richard Widmark es un tahúr arruinado, que aspira a llegar a banquero y que, para lograrlo, con impúdica coherencia, ha decidido hacerse miembro de una banda de atracadores de bancos. Este sujeto, que incluso en el desarreglo del desierto mantiene intacta su fachada caballerosa, destaca sobre las cabezas de sus informes compinches por su flema, su extrema frialdad y su desdén, que le convierten en un tipo pétreo y engallado, incapaz de transmitir la menor emoción ante el mayor riesgo. Uno de sus compadres malhechores pregunta a Widmark la causa de su sangre fría:

> FORAJIDO: ¡Tú no te excitas nunca! ¿Por qué?
>
> RICHARD WIDMARK: Un jugador me metió una bala en mitad del pecho. Y ahí sigue. No puedo excitarme ¿sabes? ¡Aquel bastardo dijo que yo estaba haciendo trampas!
>
> FORAJIDO: ¿Las estabas haciendo?
>
> RICHARD WIDMARK: Por supuesto.

La sorna y la impudicia, en el western, residen en el reconocimiento de que entre las más nobles reglas del juego de la vida y de la muerte están incrustadas, con el mismo arraigo que las del juego limpio del pistolero, la falta de reglas que caracteriza al juego sucio del villano. He aquí un espectacular —en los momentos elegidos del western, se alcanza siempre la visualidad de la palabra y la verbalidad de la imagen— cruce de réplicas entre los personajes que interpretan Scott Brady y Sterling Hayden en *Johnny Guitar.* Aquí, la existencia de esas sucias reglas brinca como una chispa entre la imagen y la palabra:

> SCOTT BRADY: Me caes bien, guitarrista *(Adelanta en ademán de saludo la mano derecha.)* ¡Choca esos cinco!
>
> STERLING HAYDEN: *(Da un paso hacia atrás.)* Lo siento, amigo, pero no acostumbro a dar la mano a un pistolero zurdo.

El villano ofrece el gesto de urbanidad del caballero como camuflaje furtivo de su villanía; y es, por ello, un hacedor de cosas feas, de malos hechos, un malhechor en sentido literal. El cazador de recompensas Ben Brigade lo advierte, a través de sus invisibles lentes estoicas, en un tenso instante de *Cabalgada en el desierto:*

> RANDOLPH SCOTT: Es dura esta tierra, Cody. Le obliga a uno a hacer cosas feas.

El villano propone su caballerosidad como acicalamiento de clase social destinado a encubrir, como la chica del salón oculta su edad o su fealdad bajo un estrato de cosméticos, la naturaleza de su juego; de ahí la suciedad de este. Posee una sola ambición, no secreta: enriquecerse como sea, al precio que sea, a costa de lo que sea. El *malo* mitológico, el pistolero, sueña con un rancho sobre el que no caigan miradas ajenas; pero el villano sueña con el oro. ¡El oro! Todos los westerns de la riada y la fiebre del oro —desde *Río de plata* (*Silver River*, 1948), de Raoul Walsh, hasta *El árbol del ahorcado* (*The Hanging Tree*, 1958), de Delmer Daves; pasando por *El tesoro de Sierra Madre*, de John Huston— son un marco de insuperable eficacia para en él desarrollar en profundidad este crucial personaje del lado oculto del universo del Oeste. El oro es la sombra dorada del poder y, por consiguiente, la ficción de la gran ficción.

En la organización de un Estado capitalista —esa y no otra es la materia del western— el oro es signo de poder: el hálito pestilente del villano es, por ello, un signo político. Esa es la causa de la invencible proximidad de las reglas de la caballerosidad —el signo urbano de la clase dominante con las de la villanía y el rufianismo, en cuanto punto de partida de una escala social que pone en conexión a los estercoleros de la Historia —la luz de la «válvula de seguridad» encendida conceptualmente por Franklin Delano Roosevelt vuelve a aparecer— con las mismísimas cúpulas de esa Historia. Aunque Walsh intente disimularlo —un buen cineasta siempre ama y, por tanto, adecenta a sus personajes, incluso los más indecentes— Errol Flynn es en *Río de plata* un modelo de caballero villano, de identidad entre estercolero y cúpula: de ahí su inclinación invencible hacia la política. En *Cielo amarillo*, por el contrario, William Wellman, más radical que Walsh, no intenta ocultar las hondas interconexiones entre poder, política, caballerosidad y villanía. Son aristas del mismo cristal opaco y sin tallar, que restalla de repente ante la presencia paradójica de la luz negra del metal rubio. Dice Robert Mitchum en *Eldorado*:

> ROBERT MITCHUM: Hay algo incomprensible en el oro: no lo parece.

Y, nuevamente en *Cielo amarillo*, cuando la banda de forajidos, que sigue el recorrido de su aventura tras los pasos de la jefatura de Gregory Peck mientras este es acechado por la gélida ambición asesina del villano Richard Widmark, huelen como coyotes la presencia del metálico signo del poder, algo conmueve la estabilidad del grupo, hasta entonces inconmovible. Estamos en medio de un debate entre forajidos, moderado por el inconfundible y expeditivo estilo formalista de los usos de la democracia norteamericana. El actual jefe de la cuadrilla, Gregory Peck, un pistolero que sigue en su oficio las reglas del juego limpio, le parece a la mayoría una persona demasiado condescendiente para que dirija adecuadamente la captura y el reparto del botín dorado. Esa mayoría, por consiguiente, decide relevarle del mando y entregar el poder a Richard Widmark, cuya desalmada villanía es, en ese escenario sin alma, un signo irrefutable de competencia para las sangrientas tareas que se avecinan. Los forajidos se reúnen de espaldas a su jefe y comunican más tarde su decisión. Pero este no acepta su cese y se encara con sus subordinados en estos duros términos, que hacen del western una notable aportación del cine al conocimiento y la representación de la mentalidad autoritaria:

> GREGORY PECK: *(Se enfrenta, en disposición de emprenderla a tiros, contra toda la banda.)* ¿Así que tenéis otro jefe?
>
> RICHARD WIDMARK: *(Con cautela, quitando importancia al asunto, ya que él es ese nuevo jefe.)* Lo que importa es el oro. Quien sea el jefe es secundario.
>
> GREGORY PECK: No es secundario.
>
> RICHARD WIDMARK: ¿Por qué?
>
> GREGORY PECK: Porque el jefe soy yo.
>
> FORAJIDO: *(Terciando en el debate.)* Este es un país libre. Lo hemos sometido a votación.
>
> GREGORY PECK: En efecto, este es un país libre: por eso yo no admito esa votación.

Las conexiones del cine del Oeste con los entresijos negros y sin máscara del rufianismo político son incontables. Se considera con acierto, en este aspecto, a *Duelo al sol* uno de los primeros westerns adultos; y apoya esta idea el hecho de que todo, en este notable filme, parece enteramente consciente de que maneja en su trasfondo los aspectos políticos más conflictivos, hasta entonces solo abordados de manera tímida y parcial, del cine del Oeste; y, por ello, de la dimensión transgresora y crítica que en estos predios el mito *westerniano* conforma. En realidad, este célebre filme de King Vidor fue el primero en abordar explícitamente, sin el amparo de los subentendidos, el espinoso asunto del poder, ese que Gregory Peck telegrafía en la referida secuencia de *Cielo amarillo*; y que Joel McCrea (en el personaje Bat Masterson) lleva un poco más lejos en *El sheriff de Dodge City*, mediante esta expeditiva solución de la rivalidad *democrática* entre los dos candidatos a la jefatura de la policía de aquella agitada ciudad ganadera:

> CANDIDATO: ¡Vete de la ciudad, Masterson!
>
> MASTERSON: ¡No pienso irme! ¡Me presentaré a las elecciones y las ganaré!
>
> CANDIDATO: ¡En ese caso, dispara, Masterson! *(Los dos candidatos desenfundan sus revólveres y disparan el uno contra el otro.)*
>
> MASTERSON: *(Vuelve a enfundar con calma su revólver, mientras su oponente cae muerto.)* Tengo la impresión de que ya no hacen falta elecciones.

No menos consciente que *Duelo al sol* de la existencia de estos subentendidos es *El hombre que mató a Liberty Valance*. En ambas películas se despliegan historias y situaciones de muy diferentes características argumentales, pero vertebradas alrededor de un mismo tronco: el combate sin cuartel entre dos maneras antagónicas de entender la propiedad rural y el poder omnímodo que se deriva de ella. A la concepción arcaica de la posesión de la tierra, procedente de la mentalidad voluntarista del pionerismo; es decir, de la *hazaña* considerada como basamento de una titularidad teológica de la propiedad rural, se contrapone en ambas películas una idea de organización de ese poder según los principios racionalistas adquiridos por las revoluciones burguesas europeas, exportadas al norte de América por aquellos emigrantes que más tarde se convirtieron en los pioneros de la conquista y posterior *civilización* del Oeste. En ambos filmes, los *buenos* —es decir, los personajes positivos del viejo, y como vimos insuficiente, esquema maniqueo— son dos juristas educados en ciudades del Este y dispuestos a hacer entrar la idea de *legalidad* en la vida privada y pública, económica y política, de sus respectivos territorios, sustituyendo en ellos las relaciones patriarcales enquistadas en el carácter de los pioneros por una ordenación racional, objetiva, codificada, de la administración de la riqueza y del aparato jurídico que sanciona las consecuencias de esta riqueza. El debate político que late en el interior de estos dos westerns conforma así sus perfiles violentos sobre esta antinomia: la persistencia en el Oeste de una mentalidad feudal incrustada en un tiempo de signo ascendente para la mentalidad capitalista.

Las figuras medievales del patriarca fundador del feudo, y de su maléfico *caballero andante*, el pistolero, el *malo*, encuentran por ello a su antagonista encubierto por una abstracción jurídica. Toda la larga historia del western es la tortuosa exposición de este enfrentamiento. ¿De dónde procede la fuerza que ha de armar a la abstracción llamada Ley para que esta pueda afrontar un duelo a muerte con la concreción de la ilegalidad? El abogado James Stewart y el abogado Joseph Cotten, en *Liberty Valance* y *Duelo al sol*, respectivamente, esgrimen, contraponen a la singularidad de las pistolas la generalidad de un libro, un código. Pero entre estos dos extremos —revólveres y codificaciones— hay en el western una zona intermedia que da densidad al ámbito que separa la punta del arma de fuego del lomo negro del libelo jurídico; y es precisamente este ámbito el escenario profundo del western; la culminación, electrizada por dos polos cargados de energía contrapuesta, de las puntas del gran enfrentamiento.

El hombre del Oeste es, insistimos, por sí mismo o por herencia genética, portador inconsciente y desgarrado de ese encuentro. En algún rincón de su conciencia está depositado el recuerdo de una Ley de la que carece su nueva tierra; mientras en otro rincón, más fresco pero menos arraigado, de su memoria aún resuenan los chasquidos de las bridas sobre los arreos de las caballerías que arrastraban su carromato por las praderas, lo que hace de él un portador viviente del mismo debate que, fuera de él, en las calles de su poblado, estalla a diario en el nudo corredizo que conforman, alrededor de su cuello, el juego de los disparos y de los juicios, de las balas y de las sentencias. La abstracción Ley se enfrenta en él, como un rasgo incodificado de su moral, con la concreción Conquista; y lo desgarra, lo escinde, como si su carácter se apropiara, como se apropia de la materialidad de la tierra, de los antes referidos *desacuerdos* que saltan entre esta tierra y sus nuevos pobladores. Lo que ocurre frente a la mirada del hombre del Oeste, entre el polvo de las colinas de sus territorios, más allá de su imprecisa *frontera* individual, es a su vez una derivación de la imprecisión existente en las *fronteras* políticas de su país. Viviendo, como vive, en un territorio sin ley, el poblador del Oeste es en cambio extremadamente legalista; siendo hombre de orden sabe que la raíz de su partida de ciudadano del Oeste se hunde en el de un desorden. Glenn Ford, un vaquero y patrón de vaqueros en *Cowboy*, dice:

> GLENN FORD: No he firmado un contrato en toda mi vida, pero jamás he dejado sin cumplir uno solo. ¡Mi palabra es un contrato!

La mentalidad legalista del vaquero se fundamenta en su rectitud, más que probada, de persona a persona; es decir, atomizada en relaciones interindividuales, lo que convierte a su conducta en una fuente de ley, en ley incluso. Es un individuo con rancia mentalidad burguesa, que está obligado por la situación en que se ve envuelto a mantener con los demás relaciones jurídicas preburguesas. Dice Hans Magnus Enzensberger, a propósito de las relaciones mercantiles existentes entre las bandas de gánsteres en el Chicago de la época de la Ley Seca, pero con su mirada dirigida oblicuamente a todo el abigarrado universo *fronterizo*, del que esta ciudad, famosa por su turbulencia, fue la primera cabeza de puente en un escenario urbano de este siglo: «Sus relaciones comerciales capitalistas están gobernadas por un elemento antagónico de procedencia precapitalista, ... y [estas relaciones] se basan no en leyes escritas, sino en arcaicas relaciones de lealtad, típicas del régimen feudal». Tan pronunciado legalismo alcanza en ocasiones los bordes del absurdo. En *El forastero*, el juez Roy Bean, que en este filme encarna Walter Brennan, da esta imperiosa orden a sus subordinados:

ROY BEAN: ¡Id por una soga y ahorcad inmediatamente a ese tipo!

ALGUACIL: ¿Que colguemos a ese? ¡Pero si está muerto, juez!

ROY BEAN: Aquí se cuelga a todos los ladrones de caballos, ¿no?

ALGUACIL: Sí, juez.

ROY BEAN: Pues, entonces, ¿a qué esperáis para colgarlo?

Pero la ley es algo más que la objetivación del aparato contractual o que la red sanguínea de una sociedad mercantil: es también la objetivación de ese principio de seguridad y de distribución de las garantías y funciones de la convivencia que llamamos justicia. Desde el punto de vista de la operatividad del aparato contractual, hay un alarde de coherencia en la declaración de principios feudal que oímos antes en boca de Glenn Ford. Pero ¿y desde el punto de vista de procedimiento que ha de seguir el mecanismo de la administración de justicia? En *Del Infierno a Texas,* un viejo truhán del Oeste texano, Chill Wills, advierte, con un proyectil de tabaco de mascar a punto de disparo detrás de su comisura izquierda, al confiado Don Murray:

> CHILL WILLS: La idea de justicia que tiene Hunter no te beneficia, muchacho.

Al carecer de canales objetivos y al perderse sus procedimientos en el humo de la forja, sobre cimientos antiguos, de un Estado moderno, la justicia deja de ser un principio dominador de los límites de la conducta individual para convertirse en una *idea,* es decir, en una fijación subjetiva de ese principio. Cada hombre del Oeste tiene su propia *idea de justicia* y, lo que es más inquietante, la posibilidad de llevarla, como Hunter, a la práctica. El principio de legalidad, sin fijación legislativa, se atomiza en los individuos que se apropian de él y lo convierten en una *idea* suya. De ahí la máxima frase-sello del western: «Aquí, la ley soy yo», nuevo y supremo elemento de la fascinación que despierta de las tripas del documento *westerniano,* ese ejercicio de plenitud imaginaria que, en medio de un páramo, permite comportarse a sus míseros pobladores como se comportaba el Rey Sol. Y nuevo recodo de la antinomia política que encubre la metáfora poética del Oeste: un individuo anónimo, moldeado por una sociedad burguesa igualitaria, adopta el gesto del Soberano y, en el marco de una relación capitalista, despierta de su sueño a la modorra absolutista del antiguo régimen, el de la monarquía absoluta. ¡La ley soy yo! Repetidas hasta la saciedad, estas pocas palabras delimitan, como las de Luis XIV un capítulo de la historia de la tiranía, la parte del escenario que corresponde por derecho propio a la tercera gran fiera del juego *westerniano*: el *sheriff* o *marshall*.

El depósito —provisional, como el tiempo evocado por Ford en sus westerns de madurez— de la justicia en la *idea* que cada individuo tiene de justicia, adquiere con frecuencia una rara explicitud en los westerns de Anthony Mann, que compone figuras de tan deslumbrante evidencia como la del delincuente-policía-juez que encarna John McIntire en *Tierras lejanas*, quien asume, en el ejercicio de su tarea, la totalidad del circuito de la legalidad y de su negación, del crimen y de su corrección jurídica, anudando así este diabólico desdoblamiento: la legalidad del crimen es el otro lado de la criminalidad de la ley. En una escena de *Tierras lejanas*, el delincuente-policía-juez McIntire ofrece a la pantalla la última de sus tres caras y juzga a James Stewart por doble asesinato en este sumarísimo proceso, único en su género:

JOHN MCINTIRE: ¡Agente, convoque al tribunal, traiga al prisionero y deme el mazo! *(Golpea con el mazo la mesa de su tugurio.)* ¡Comienza el juicio! *(Al acusado.)* No tiene usted cara de disparar por la espalda, amigo. ¿De qué se le acusa?

JAMES STEWART: Maté a dos hombres.

JOHN MCINTIRE: ¿Por qué lo hizo?

JAMES STEWART: Conducían mi ganado desde Wyoming y quisieron volverse atrás.

JOHN MCINTIRE: Estaban en su derecho, si querían volverse.

JAMES STEWART: Pero no con mi ganado.
JOHN MCINTIRE: ¡Absuelto!

La cara oculta de la moneda de curso legal en las transacciones contractuales, procesales y políticas del Oeste se desvela; y todos los cimientos que sostienen la *idea* de justicia se resumen en uno solo, desprendido de la presión circundante de un territorio hostil: el de *legítima defensa*, ese «tengo que matar para seguir viviendo» que abre el itinerario y el destino del pistolero andante, y que es la primera y última página de un código impreso con hierro y fuego en la memoria del instinto de los cazadores de hombres. Y de la misma manera que, en el Oeste, la propiedad de la tierra es un acto incausal de posesión, un gesto bárbaro de titularidad promulgada por un decreto escrito con sangre sobre el polvo; el sujeto activo de la ley *westerniana* no es un estado de derecho, sino un estado permanente de usurpación, por parte de un individuo, de la representación de una colectividad sin identidad precisa: un homicida elegido, el *sheriff* en cuanto remedo común del monarca déspota, portador plebeyo de aquel «yo soy la ley», aforismo del escudo del rey absoluto, del sujeto por excelencia de los estados de hecho.

De ahí que en el Oeste todas las relaciones jurídicas interindividuales se compriman en una sola: el duelo, el homicidio gobernado por normas ilegislables. Tal es el trasfondo de la lucha permanente entre el *sheriff* y el *outlaw*, debate a muerte moderado por mandatos susurrados e intransferibles, que las colectividades sin identidad del Oeste suelen respetar escrupulosamente, salvo en un caso: cuando tales colectividades adquieren de pronto conciencia de identidad y, deslumbradas por esta adquisición, la ejercen compulsivamente en forma de corrección criminal del crimen: el linchamiento. El duelo y el linchamiento llenan por sí solos una de las estancias de mayor negrura que esconden el trasfondo de este género colorista. *El árbol del ahorcado* y *Flecha rota,* de Delmer Daves; *Woman They Almost Lynched* (1952) y *Filón de plata* (*Silver Lode*, 1954), de Allan Dwan; *Incidente en Ox Bow*, de William Wellman, entre innumerables obras de la fase adulta del género, afrontan este vidrioso asunto, una de las llaves maestras que abren la puerta al primer muñón de una ley en los territorios del Oeste: la ley de la caza del hombre por el hombre.

Durante muchos años, la censura de Hollywood cerró el camino de la pantalla a la iconografía de este tipo de sucesos, negadores de la armonía en que se quería encerrar, con el corsé de un decreto, al subsuelo abominable que, desde sus comienzos, pugnaba por salir al aire en el cine del Oeste. El citado filme de William Wellman, que siguió el impulso aislado que desató en 1936 el milagro expresionista de *Furia*, primera obra de Fritz Lang en los Estados Unidos, rompió de una vez el tabú; y el espinoso asunto del linchamiento, con toda su carga de basura política a cuestas, entró por fin en el lugar, hasta entonces artificialmente vaciado, que le corresponde en las convenciones del género. En *Incidente en Ox Bow*, un linchador rebate con esta seca lógica a la protesta del aspirante a linchado (Dana Andrews), que clama porque se le someta a un juicio:

> LINCHADOR: ¡La ley es demasiado lenta; y colgar a un hombre es un asunto de todos! ...
>
> DANA ANDREWS: ¡Un hombre tiene derecho a que le juzgue un juez!
>
> LINCHADOR: Por supuesto, amigo: tiene usted veintiocho jueces delante. ¿Le parecen pocos?

En *Los malvados de Firecreek* (*Firecreek*, 1968) de Vincent McEveety, el granjero James Stewart protesta ante el pistolero Henry Fonda, intentando conmoverle ante la inminencia de un linchamiento en la ciudad:

> JAMES STEWART: *(Airado.)* ¡Esto no es asunto de ustedes: es competencia de un juez!
>
> HENRY FONDA: *(Flemático.)* Lo siento, amigo, pero esto es competencia de una soga.

Un juez, hombre recto, interviene, e intenta impedir, con el arma de sus palabras, que se lleve a cabo el linchamiento de *Incidente en Ox Bow*:

> LINCHADOR: ¡Vamos, Sparr! ¡No todos los días se puede ver un linchamiento en un pueblo tan aburrido como este! ...
>
> JUEZ: ¡Deténganse, o les denunciaré por obstaculizar a la justicia!
>
> LINCHADOR: ¿Desde cuándo, juez, se puede obstaculizar a lo que no se mueve?

Y es el propio Henry Fonda quien, conociendo a la perfección los mecanismos que desencadenan la furia colectiva del linchamiento, intenta detener en el mismo filme anterior a la bestia colectiva con el arma *westerniana* por excelencia: la resolución en clave irónica de un embrollo sobrecargado de seriedad:

> HENRY FONDA: *(A los linchadores.)* Se está haciendo de noche, muchachos. Dejemos esto para mañana. No tengo nada contra el linchamiento de un cuatrero asesino; pero no me agrada la oscuridad.

¿Por qué la temible censura Hays mantuvo una tan rigurosa alergia frente a una convención de tanta importancia para la credibilidad histórica del género? La respuesta hay que buscarla, por lo pronto, en la inaceptable racionalidad que un acto tan irracional como el linchamiento adquiere en aquellos filmes del Oeste que lo abordan con franqueza. La ferocidad de estas películas se origina, más que en el carácter compulsivo de la violencia multitudinaria del linchamiento —práctica sustitutiva de la ley que fue *inventada* a finales del siglo XVIII por un granjero irlandés, emigrante instalado en las plantaciones de Virginia, llamado Lynch—, en esa circunstancia que hace de ella, tal como se produce y donde tiene lugar, no un exabrupto ilógico, sino un suceso bañado por una abominable lógica, por una pasmosa coherencia. En una escena de *Cabalgada en el desierto*, después de una escaramuza entre los cazadores de hombres que llevan preso al criminal Billy y la pandilla de forajidos de este, se produce una tregua en el tiroteo:

SAM BOONE: ¿Ahora qué hacemos?

BEN BRIGADE: Primero, enterrar a los muertos; y después, esperar. Si salimos al camino, acabarán con todos nosotros. Tendremos que aguardar en la estación a que se haga de noche.

SAM BOONE: ¿Qué piensas hacer con Billy?

BEN BRIGADE: ¿A qué te refieres?

SAM BOONE: Si nos tienden una emboscada en el camino de Santa Cruz, el viaje será difícil, ¿no crees, Brigade?

BEN BRIGADE: Tal vez. Pero tengo que entregar a Billy en Santa Cruz y lo llevaré a Santa Cruz.

SAM BOONE: ¿Cómo?

BEN BRIGADE: Como sea.

SAM BOONE: Podríamos, en vez de ir a Santa Cruz, dirigirnos

hacia el norte y entregar a Billy al juez de cualquier otra ciudad. ¡Todas las sogas son iguales, Brigade!

¡Todas las sogas son iguales! Una manera de aplicar al ponzoñoso terreno que el hombre del Oeste tiene por delante aquella sentencia de Melville: «Todos los hombres nacemos con una soga al cuello», solo imaginable en quien, negro sobre blanco, escribió esta otra: «Todo ángel no es más que un tiburón bien gobernado». La imagen emborronada de un linchamiento aniquila la tentación de buscar el rastro de la epopeya exaltadora del nacimiento de una nación y convierte al western en un adelanto argumental y en una matriz formal del *género negro*. Una vez más, volvamos al filón inagotable de *Johnny Guitar*:

GUITAR: Una patrulla de linchadores no está formada por hombres. He estado algunas veces junto a ellos y otras frente a ellos; y sé de qué hablo. Una patrulla de linchamiento es un animal, que actúa como un animal y piensa como un animal.

VIENNA: ¡Bestias armadas hasta los dientes, con sogas enrolladas en sus sillas de montar y que buscan a alguien que colgar, a quien se les ponga por delante! No me dices nada que no sepa.

Y, más adelante:

EMMA: ¡Prepara a tus hombres, McIvers! ¿O tendré que hacerlo yo?

MCIVERS: ¡Mis hombres no son asesinos! ¡Para poder linchar, necesitan calentarse antes!

EMMA: ¿Cuánto tiempo necesitan para calentarse?

MCIVERS: Dame cinco horas.

Otro buen eslabón de la cadena que provocó la alergia censorial de Hollywood contra la representación de un linchamiento se debe a que este, manifestación por excelencia de la administración de justicia como puro estado de hecho, sitúa a la encarnación individual de la ley, al *sheriff*, no solo frente al delincuente, sino también frente a la comunidad que le encarga la persecución y caza de ese delincuente. Debido a ello, la representación de un linchamiento sitúa al espectador del western ante la inconcebible existencia de una *colectividad ilegal*, casi en las proximidades de la desmedida e informulable idea de un *pueblo ilegal*, que fue precisamente la argucia jurídica que los políticos del Este idearon para dar basamento *civilizado* al genocidio que llevaron a la práctica contra las naciones indias aborígenes. Y es esto lo que, de pronto, hace material y tangible a aquella zona innombrable del misterio del western profundo que antes llamamos su *pecado original*.

El *sheriff*, enfrentado por un lado al delincuente y por otro a la colectividad que le ordena la captura de ese delincuente, se eleva entonces sobre la línea del horizonte del Oeste con la misma prestancia que los prototipos del patriarca, el vaquero, el granjero, el pistolero, el forajido y el villano; y es, como ellos, un hombre solo en territorio hostil, que husmea entre los matojos de su itinerario los rastros que dejan a su paso esquivos pistoleros errantes. *Sheriff* y pistolero, en lucha eterna y sin cuartel, desamarrados de una colectividad tan ilegal como ellos, son los dos colosos que alcanzan en solitario la cumbre de la escalada *westerniana*, el núcleo de la alegoría que les conduce más allá del Oeste. La verdad histórica, convertida también en mito, nos lo confirma, cuando de ella emergen —y se yerguen sobre sus páginas más hondas, proporcionándonos una lección de identidad entre leyenda y verdad— figuras hermanadas como las del *sheriff* Pat Garret y el bandido Billy *el Niño*; o las del *sheriff* Wyatt Earp y el bandido John *Doc* Hollyday. Realidad y ficción colaboran, a través de estos temibles emparejamientos, para proponer al western como un mito de hermandad y de caza, un mito cainita.

En el principio, el western fue un conjunto de cuentos de hogar sobre historias de caza y rastreo. Sus protagonistas eran cazadores y tramperos, que abrieron para sus perseguidores las rutas del país de Kentucky y que, desde ellas, dieron materia sobrante para que se dibujaran en la narrativa *westerniana* los itinerarios abiertos que conducen a ese territorio imposible situado al oeste del Oeste. Pero la caza es más que un oficio y su mecánica; es una forma de vida. De ahí que el itinerario colectivo de la conquista del Oeste, combinado con el itinerario individual de los depositarios del espíritu de la caza, acabase fundiéndose con el quehacer parsimonioso de estos últimos, y el relato *westerniano* se convirtiese, con un simple giro, en la representación dinámica de la imagen de una persecución en su sentido extremo, e incluso extremado: la caza de un hombre por otro hombre. Raro, rarísimo es el western que no contiene una persecución de esta especie, hasta el punto que hoy, después de decenas de millares de filmes del Oeste, la caza del hombre por el hombre está fijada en las pantallas a través de incontables variantes; que se resumen en una sola, envolvente.

El pistolero, arrastrando el peso de su leyenda, deambula; mientras tanto, el *sheriff*, pegado como una sombra a sus huellas, le persigue sin respiro. Los itinerarios del perseguidor y del perseguido conforman dos líneas quebradas, que a veces se cruzan inesperadamente, pero que convergen únicamente al final del rito, en una especie de vértice de este, donde aguardan agazapados el duelo y, tras de él, la muerte. Dichas líneas, cuando accidentalmente se cruzan, lo hacen en las zonas intermedias del relato; y allí vuelven nuevamente a separarse después de darnos, en forma de anticipo y, más tarde, de aplazamiento, el sabor a sangre y fuego del encuentro final. Ambas líneas tejen entre sí, como si fueran un contrapunto cíclico de dos fuerzas magnéticas que al mismo tiempo se atraen y se repelen, una tercera línea que engloba a ambas, y que discurre a lo largo de la emoción graduada y suspendida del espectador. La persecución es, por ello, un endiablado juego con reglas inviolables, como las del duelo final en que fatalmente desemboca. Tales reglas no dependen de la voluntad de los oficiantes del ritual de la caza, sino del signo imprevisible que, durante el camino, orienta a sus respectivas estrellas; es decir, dependen de la representación fílmica de la idea de lo irremediable, del agujero de la fatalidad, por la que entra a chorros por la boca del western el alimento inmemorial de la poesía trágica.

Y la caza del hombre por el hombre, desde su inicial prosaísmo, el de los mecanismos operativos de la aplicación de la ley, se convierte en el rasgo más pronunciado de la fisonomía de una forma de vida, en una arteria nutricia del comportamiento. En *Cabalgada en el desierto*, el pistolero cazador de hombres, Ben Brigade, atrapa, en medio de una roqueda, y después de un largo itinerario de caza, al proscrito Billy (James Best), un villano rastrero, todavía casi un adolescente, pero que tiene en su revólver las muescas de varios asesinatos a traición, de acuerdo con las leyes, o la falta de ellas, de su juego sucio. Sin sorpresa, como si mutua y fatalmente se aguardaran desde hace tiempo, los dos hombres se enfrentan el uno al otro. Estamos en el tramo final de la gran caza, allí donde el punto de destino de un esfuerzo lucrativo se convierte en gratuito, filantrópico. Y un empeño de muerte se hace de pronto signo de vida:

BILLY: Buenos días, Brigade.

BEN BRIGADE: Te buscaba, Billy.

BILLY: Lo sé. He visto tu cara durante tres días. Pensé que sería mejor enfrentarme a ti y acabar de una vez.

BEN BRIGADE: ¿Dónde están los otros?

BILLY: Siguieron adelante. Les dije que me uniría a ellos después de enterrarte.

BEN BRIGADE: Trae tu caballo, Billy. Nos vamos.

BILLY: ¡Sabes que no voy a ir contigo!

BEN BRIGADE: Lo siento, pero no tienes otra alternativa.

BILLY: ¡Oye, Brigade! ¡Si voy contigo, me ahorcarán!

BEN BRIGADE: ¡Mataste a un hombre en Santa Cruz!

BILLY: ¡Lo hice en defensa propia!

Ben BRIGADE: Le mataste por la espalda, como a los otros.

BILLY: ¡No sé cuánto te van a pagar por entregarme, pero no es suficiente!

BEN BRIGADE: ¡Yo te perseguiría gratis!

Índice de películas

El Álamo (*The Alamo*, 1960). Director: John Wayne. Intérpretes: John Wayne, Richard Widmark, Richard Boone, Laurence Harvey, Frankie Avalon, Linda Cristal.

Apocalypse Now (1979). Director: Francis Ford Coppola. Intérpretes: Martin Sheen, Marlon Brando, Robert Duvall.

El árbol del ahorcado (*The Hanging Tree*, 1958). Director: Delmer Daves. Intérpretes: Gary Cooper, Maria Schell, Karl Malden, George C. Scott.

Ataque al carro blindado (*The War Wagon*, 1967). Director: Burt Kennedy. Intérpretes: John Wayne, Kirk Douglas, Howard Keel, Robert Walker, Emilio Fernández.

Avaricia (*Greed*, 1923). Director: Erich von Stroheim. Intérpretes: Gibson Gowland, Zasu Pitts, Jean Hersholt.

Las aventuras de Jeremiah Johnson (*Jeremiah Johnson*, 1972). Director: Sidney Pollack. Intérpretes: Robert Redford, Will Geer, Allyn McLerie.

La balada de Cable Hogue (*The Ballad of Cable Hogue*, 1970). Director: Sam Peckinpah. Intérpretes: Jason Robards, Stella Stevens, David Warner.

El bandido (*The Outlaw*, 1943). Director: Howard Hughes. Intérpretes: Jack Beutel, Jane Russell, Thomas Mitchell.

Bonnie y Clyde (*Bonnie and Clyde*, 1967). Director: Arthur Penn. Intérpretes: Warren Beatty, Faye Dunaway, Gene Hackman, Michael J. Pollard.

El bueno, el feo y el malo (*Il buono, il bruto, il cattivo*, 1966). Director: Sergio Leone. Intérpretes: Clint Eastwood, Eli Wallach, Lee Van Cleef.

Buffalo Bill (*The Plainsman*, 1936). Director: Cecil B. DeMille. Intérpretes: Gary Cooper, James Ellison, Jean Arthur.

Bus Stop (1956). Director: Joshua Logan. Intérpretes: Marilyn Monroe, Don Murray, Betty Field.

Cabalgada en el desierto (*Ride Lonesome*, 1959). Director: Budd Boetticher. Intérpretes: Randolph Scott, Karen Steele, Pernell Roberts, James Best, James Coburn, Lee Van Cleef.

El caballo de hierro (*The Iron Horse*, 1924). Director: John Ford. Intérpretes: George O'Brien, Madge Bellamy, Cyril Chadwick.

Camino de Santa Fe (*Santa Fe Trail*, 1940). Director: Michael Curtiz. Intérpretes: Errol Flynn, Olivia de Havilland, Raymond Massey, Ronald Reagan, Van Heflin.

Camino de la venganza (*The Scalphunters*, 1968). Director: Sydney Pollack. Intérpretes: Burt Lancaster, Ossie Davis, Telly Savallas, Shelley Winters.

La caravana del Oeste (*The Covered Wagon*, 1923). Director: James Cruze. Intérpretes: Ernest Torrence, Tully Marshall, Lois Wilson.

Casta de guerreros (*Sitting Bull*, 1954). Director: Sidney Salkow. Intérpretes: Dale Robetson, Mery Murphy, J. Carrol Naish.

Los cautivos (*The Tall T*, 1957). Director: Budd Boetticher. Intérpretes: Randolph Scott, Henry Silva, Richard Boone, Maureen O'Sullivan, Arthur Hunnicutt, John Hubbard.

Cazador de forajidos (*The Tin Star*, 1957). Director: Anthony Mann. Intérpretes: Henry Fonda, Anthony Perkins, Betsy Palmer, John McIntire.

El chico de Oklahoma (*Oklahoma Kid*, 1939). Director: Lloyd Bacon. In-

El diablo sobre ruedas (*Duel*, 1971). Director: Steven Spielberg. Intérpretes: Dennis Weaver, Jacqueline Scott, Shirley O'Hara, Eddie Firestone, Lou Frizzell, Tim Herbert.

La diligencia (*The Stagecoach*, 1939). Director: John Ford. Intérpretes: John Wayne, Claire Trevor, Thomas Mitchell, George Bancroft, Andy Devine, John Carradine, Berton Churchill, Donald Meek, Tim Holt.

Dillinger (1973). Director: John Millius. Intérpretes: Warren Oates, Ben Johnson, Harry Dean Stanton, Richard Dreyfuss.

Dodge, ciudad sin ley (*Dodge City*, 1939). Director: Michael Curtiz. Intérpretes: Errol Flynn, Olivia de Havilland, Ann Sheridan, Bruce Cabot.

Dos cabalgan juntos (*Two Rode Together*, 1961). Director: John Ford. Intérpretes: James Stewart, Richard Widmark, Shirley Jones, Linda Cristal, John McIntire.

Dos hombres contra el Oeste (*Wild Rovers*, 1971). Director: Blake Edwards. Intérpretes: William Holden, Ryan O'Neal, Karl Malden, Lynn Carlin, Joe Don Baker, Rachel Roberts.

Driver (*The Driver*, 1978). Director: Walter Hill. Intérpretes: Ryan O'Neal, Bruce Dern, Isabelle Adjani.

Duelo en la alta sierra (*Ride the High Country*, 1962). Director: Sam Peckinpah. Intérpretes: Joel McCrea, Randolph Scott, Edgard Buchanan, Mariette Hartley.

Duelo al sol (*Duel in the Sun*, 1946). Director: King Vidor. Intérpretes: Gregory Peck, Jennifer Jones, Joseph Cotten, Lionel Barrimore.

Duelo de titanes (*Gunfight at the O. K Corral*, 1957). Director: John Sturges. Intérpretes: Burt Lancaster, Kirk Douglas, Jo Van Fleet, Ronda Fleming, John Ireland, Earl Holiman.

Easy Rider (1969). Director: Dennis Hopper. Intérpretes: Peter Fonda, Dennis Hopper, Antonio Mendozo, Phil Spector.

Eldorado (1966). Director: Howard Hawks. Intérpretes: John Wayne, Robert Mitchum, James Caan, Charlene Holt, Ed Asner.

El emperador del norte (*The Emperor of the North Pole*, 1973). Director: Robert Aldrich. Intérpretes: Lee Marvin, Ernest Borgnine, Keith Carradine.

Encubridora (*Rancho Notorius*, 1952). Director: Fritz Lang. Intérpretes: Marlene Dietrich, Arthur Kennedy, Mel Ferrer, Jack Elam.

Estación Comanche (*Comanche Station*, 1960). Director: Budd Boetticher. Intérpretes: Randolph Scott, Nancy Gates, Claude Atkins.

Fiebre de venganza (*Gun Fury*, 1953). Director: Raoul Walsh. Intérpretes: Rock Hudson, Donna Reed, Phil Carey, Lee Marvin.

Filón de plata (*Silver Lode*, 1954). Director: Allan Dwan. Intérpretes: John Payne, Dan Duryea, Lizabeth Scott, Dolores Moran, Emile Meyer, Robert Warwick.

Flecha rota (*Broken Arrow*, 1950). Director: Delmer Daves. Intérpretes: James Stewart, Chef Chandler, Debra Paget.

El forastero (*The Westerner*, 1940). Director: William Wyler. Intérpretes: Gary Cooper, Walter Brennan, Doris Davenport, Dana Andrews.

Fort Apache (1948). Director: John Ford. Intérpretes: Henry Fonda, John Wayne, Shirley Temple, Padro Armendáriz, George O'Brien.

Furia (*Fury*, 1936). Director: Fritz Lang. Intérpretes: Spencer Tracy, Sylvia Sidney, Bruce Cabot, Walter Brennan.

Gerónimo (*Geronimo*, 1962). Director: Arnold Laven. Intérpretes: Chuck Connors, Ross Martin, Kamala Devi.

El gran combate (*Cheyenne Autumn*, 1964). Director: John Ford. Intérpretes: Richard Widmark, Carroll Baker, Karl Malden, Dolores del Río, Sal Mineo, Edward G. Robinson, James Stewart, Ricardo Montalbán, Arthur Kennedy, John Carradine, George O'Brien.

El gran Jake (*Big Jake*, 1971). Director: George Sherman. Intérpretes: John Wayne, Richard Boone, Maureen O'Hara.

El gran McLintock (*McLintock*, 1963). Director: Andrew McLaglen. Intérpretes: John Wayne, Maureen O'Hara, Yvonne de Carlo, Patrick Wayne, Stephanie Powers.

El gran robo del tren (*The Great Train Robbery*, 1903). Director: Edwin S. Porter. Intérpretes: Marie Murray, Broncho Billy Anderson, George Barnes.

Grupo salvaje (*The Wild Bunch*, 1969). Director: Sam Peckinpah. Intérpretes: William Holden, Ernest Borgnine, Robert Ryan, Edmond O'Brian, Warren Oates.

La guerra de las galaxias (*Star Wars*, 1977). Director: George Lucas. Intérpretes: Mark Hamill, Alec Guinness, Carrie Fisher, Harrison Ford.

Hatari! (1962). Director: Howard Hawks. Intérpretes: John Wayne, Elsa Martinelli, Hardy Krüger.

El halcón maltés (*The Maltese Falcon*, 1941). Director: John Huston. Intérpretes: Humphrey Bogart, Mary Astor, Sidney Greenstreet, Barton MacLane, Lee Patrick, Peter Lorre.

El hombre de Laramie (*The Man from Laramie*, 1955). Director: Anthony Mann. Intérpretes: James Stewart, Arthur Kennedy, Donald Crisp, Cathy O'Donnell, Alex Nicol, Aline MacMahon, Jack Elam.

El hombre del Oeste (*The Man of the West*, 1958). Director: Anthony Mann. Intérpretes: Gary Cooper, Lee J. Cobb, Julie London, Arthur O'Connell, Jack Lord, John Dehner, Royal Dano.

El hombre de las pistolas de oro (*Warlock*, 1959). Director: Edward Dmytryk. Intérpretes: Henry Fonda, Richard Widmark, Anthony Quinn, Dorothy Malone.

El hombre que mató a Liberty Valance (*The Man Who Shot Liberty Valance*, 1962). Director: John Ford. Intérpretes: James Stewart, John Wayne, Vera Milles, Lee Marvin, Edmond O'Brien, Lee Van Cleef, John Carradine.

Horizontes de grandeza (*The Big Country*, 1958). Director: William Wyler. Intérpretes: Gregory Peck, Jean Simmons, Charlton Heston, Carroll Baker, Burl Ives, Charles Bickford, Anfonso Bedoya, Chuck Connors.

Horizontes lejanos (*Bend of the River*, 1952). Director: Anthony Mann.

Intérpretes: James Stewart, Arthur Kennedy, Rock Hudson, Julia Adams.

La huida (*The Gateway*, 1972). Director: Sam Peckinpah. Intérpretes: Steve McQueen, Ali McGraw, Ben Johnson.

Los implacables (*The Tall Men*, 1955). Director: Raoul Walsh. Intérpretes: Clark Gable, Jane Russell, Robert Ryan, Cameron Mitchell, Juan García, Harry Shannon, Emile Meyer.

Incidente en Ox Bow (*Ox Bow Incident*, 1943). Director: William Wellman. Intérpretes: Henry Fonda, Henry Morgan, Jane Darwell, Anthony Quinn, Dana Andrews, Mary Beth Hughes, Harry Davenport.

Del infierno a Texas (*From Hell to Texas*, 1958). Director: Henry Hathaway. Intérpretes: Don Murray, Diane Varsi, Chill Wills, Dennis Hopper, R. G. Armstrong.

La ingenua explosiva (*Cat Ballou*, 1965). Director: Eliot Silverstein. Intérpretes: Lee Marvin, Jane Fonda, Nat King Cole.

Johnny Guitar (1953). Director: Nicholas Ray. Intérpretes: Sterling Hayden, Joan Crawford, Mercedes McCambridge, Ernest Borgnine, John Carradine.

Jubal (1956). Director: Delmer Daves. Intérpretes: Glenn Ford, Ernest Borgnine, Felicia Farr, Rod Steiger, Charles Bronson.

El juez de la horca (*The Life and Times of Judge Roy Bean*, 1972). Director: John Huston. Intérpretes: Paul Newman, Ava Gardner, Jacqueline Bisset, Tab Hunter, Stacy Keach, Roddy McDowall, Anthony Perkins, John Huston.

El jugador (*Tennessee's Partner*, 1955). Director: Allan Dwan. Intérpretes: Ronald Reagan, John Payne, Rhonda Fleming.

Junior Bonner (1972). Director: Sam Peckinpah. Intérpretes: Steve McQueen, Ida Lupino, Robert Preston, Ben Johnson.

Lanza rota (*Broken Lance*, 1954). Director: Edward Dmytryk. Intérpretes: Spencer Tracy, Richard Widmark, Robert Wagner, Jean Peters, Katy Jurado, Earl Holliman.

La ley de la calle (*Rumble Fish*, 1983). Director: Francis Ford Coppola. Intérpretes: Matt Dillon, Mickey Rourke, Vincent Spano, Diana Lake, Dennis Hopper.

La leyenda de la ciudad sin nombre (*Paint Your Wagon*, 1969). Director: Joshua Logan. Intérpretes: Lee Marvin, Clint Eastwood, Jean Seberg, Harve Presnell, Ray Walston.

Límite: 48 horas (*48 Hours*, 1981). Director: Walter Hill. Intérpretes: Nick Nolte, Eddie Murphy, Annette O'Toole, Frank McRae.

Lo que el viento se llevó (*Gone with the Wind*, 1939). Directores: George Cukor, Sam Wood, William Cameron Menzies y Victor Fleming. Intérpretes: Vivien Leigh, Clark Gable, Olivia de Havilland, Leslie Howard.

Los que no perdonan (*The Unforgiven*, 1960). Director: John Huston. Intérpretes: Burt Lancaster, Audrey Hepburn, Audie Murphy, Doug McClure, John Saxon, Lillian Gish, Charles Bickford, Albert Salmi.

Los malvados de Firecreek (*Firecreek*, 1968). Director: Vincent McEveety. Intérpretes: James Stewart, Henry Fonda, Inger Stevens, Gary Lockwood, Jack Elam, James Best, Barbara Luna.

Mar de hierba (*The Sea of Grass*, 1947). Director: Elia Kazan. Intérpretes: Spencer Tracy, Katharine Hepburn, Melvyn Douglas, Robert Walker, Edgar Buchanan, Adolphe Menjou, Jack Holt, Alan Napier.

Más allá del Missouri (*Across the Wide Missouri*, 1951). Director: William Wellman. Intérpretes: Clark Gable, Ricardo Montalbán, John Hodiak, María Elena Marqués, Jack Holt.

Muerde la bala (*Bite the Bullet*, 1975). Director: Richard Brooks. Intérpretes: Gene Hackman, Candice Bergen, James Coburn, Ben Johnson, Jan-Michael Vincent.

Murieron con las botas puestas (*They Died With Their Boots On*, 1941). Director: Raoul Walsh. Intérpretes: Errol Flynn, Olivia de Havilland, Arthur Kennedy, Anthony Quinn.

El nacimiento de una nación (*The Birth of a Nation*, 1914). Director: Da-

La presa (*Southern Comfort*, 1981). Director: Walter Hill. Intérpretes: Keith Carradine, Powers Boothe, Fred Ward, Franklyn Seales.

La primera ametralladora del Oeste (*Something Big*, 1971). Director: Andrew McLaglen. Intérpretes: Dean Martin, Brian Keith, Honor Blackman.

Los profesionales (*The Professionals*, 1966). Director: Richard Brooks. Intérpretes: Burt Lancaster, Claudia Cardinale, Lee Marvin, Robert Ryan, Jack Palance, Ralph Bellamy.

Quiero a este hombre (*Honky Tonk*, 1941). Director: Jack Conway. Intérpretes: Clark Gable, Lana Turner, Frank Morgan, Claire Trevor, Marjorie Main, Henry O'Neill.

Raíces profundas (*Shane*, 1953). Director: George Stevens. Intérpretes: Alan Ladd, Jean Arthur, Van Heflin, Jack Palance, Brandon de Wilde.

La reina de Montana (*Cattle Queen of Montana*, 1954). Director: Allan Dwan. Intérpretes: Barbara Stanwyck, Ronald Reagan, Gene Evans, Jack Elam, Anthony Caruso.

Un rey para cuatro reinas (*The King and Four Queens*, 1956). Director: Raoul Walsh. Intérpretes: Clark Gable, Eleanor Parker, Jo Van Fleet.

Río Bravo (1958). Director: Howard Hawks. Intérpretes: John Wayne, Angie Dickinson, Dean Martin, Ricky Nelson, Walter Brennan.

Río Conchos (1964). Director: Gordon Douglas. Intérpretes: Richard Boone, Edmond O'Brien, Stuart Whitman, Tony Franciosa.

Río Grande (1950). Director: John Ford. Intérpretes: John Wayne, Maureen O'Hara, Ben Johnson.

Río Lobo (1970). Director: Howard Hawks. Intérpretes: John Wayne, Jorge Rivero, Jennifer O'Neill, Jack Elam.

Río de plata (*Silver River*, 1948). Director: Raoul Walsh. Intérpretes: Errol Flynn, Ann Sheridan, Thomas Mitchell, Bruce Bennett.

Río Rojo (*Red River*, 1948). Director: Howard Hawks. Intérpretes: John Wayne, Montgomery Clift, Joanne Dru, Walter Brennan, John Ireland.

Río salvaje (*Wild River*, 1960). Director: Elia Kazan. Intérpretes: Montgomery Clift, Lee Remick, Jo Van Fleet, Albert Salmi, Bruce Dern.

Río de sangre (*The Big Sky*, 1952). Director: Howard Hawks. Intérpretes: Kirk Douglas, Arthur Hunnicutt, Elizabeth Threatt, Dewey Martin, Buddy Baer, Steve Geray.

Río sin retorno (*River of no Return*, 1954). Director: Otto Preminger. Intérpretes: Robert Mitchum, Marilyn Monroe, Tommy Rettig.

El rostro impenetrable (*One Eyed Jacks*, 1961). Director: Marlon Brando. Intérpretes: Marlon Brando, Pina Pellicer, Karl Malden, Katy Jurado, Slim Pickens, Ben Johnson, Timothy Carey, Elisha Cook Jr.

Seminola (1953). Director: Budd Boetticher. Intérpretes: Rock Hudson, Anthony Quinn, Barbara Hale, Lee Marvin, Richard Carlson, Hugh O'Brian, James Best.

El sexto fugitivo (*Backlash*, 1956). Director: John Sturges. Intérpretes: Richard Widmark, Donna Reed, John McIntire, William Campbell.

El sheriff de Dodge City (*Gunfight at Dodge City*, 1958). Director: Joseph M. Newman. Intérpretes: Joel McCrea, Julie Adams, John McIntire, Richard Anderson, Nancy Gates.

Los siete magníficos (*The Magnificent Seven*, 1960). Director: John Sturges. Intérpretes: Yul Brynner, Steve McQueen, James Coburn, Charles Bronson, Robert Vaughn, Horst Buchholz, Elli Wallach, Brad Dexter.

Los siete samuráis (*Shichi-nin no Samurai*, 1954). Director: Akira Kurosawa. Intérpretes: Toshiro Mifune, Takashi Shimura, Kuninori Kodo.

Silverado (1985). Director: Lawrence Kasdam. Intérpretes: Kevin Kline, Scott Glenn, Rosanna Arquette, John Cleese, Kevin Kostner.

Solo ante el peligro (*High Noon*, 1952). Director: Fred Zinnemann. Intérpretes: Gary Cooper, Grace Kelly, Thomas Mitchell, Lloyd Bridges, Katy Jurado, Otto Kruger, Lon Chaney, Henry Morgan.

El tesoro de Sierra Madre (*The Treasure of the Sierra Madre*, 1948). Director: John Huston. Intérpretes: Humphrey Bogart, Walter Huston, Tim Holt, Alfonso Bedoya, John Huston.

Tierra de audaces (*Jesse James*, 1939). Director: Henry King. Intérpretes: Tyrone Power, Henry Fonda, Nancy Kelly, Randolph Scott, Brian Donlevy.

Tierras lejanas (*The Far Country*, 1955). Director: Anthony Mann. Intérpretes: James Stewart, Walter Brennan, Ruth Roman, John McIntire.

Triunfo de valientes (*The Big Land*, 1957). Director: Gordon Douglas. Intérpretes: Alan Ladd, Virginia Mayo, Edmond O'Brien, Anthony Caruso.

La última bala (*Night Passage*, 1957). Director: James Neilson. Intérpretes: James Stewart, Audie Murphy, Dan Duryea, Brandon De Wilde, Dianne Foster.

El último atardecer (*The Last Sunset*, 1961). Director: Robert Aldrich. Intérpretes: Rock Hudson, Kirk Douglas, Dorothy Malone, Carol Lynley, Joseph Cotten.

El último cazador (*The Last Hunt*, 1955). Director: Richard Brooks. Intérpretes: Stewart Granger, Robert Taylor, Debra Paget, Lloyd Nolan.

El último hurra (*The Last Hurrah*, 1958). Director: John Ford. Intérpretes: Spencer Tracy, Jeffrey Hunter, Dianne Foster, Pat O'Brien, Basil Rathbone, John Carradine.

El último pistolero (*The Shootist*, 1978). Director: Donald Siegel. Intérpretes: John Wayne, Lauren Bacall, James Stewart, John Carradine, Ron Howard, Hugh O'Brien, Harry Morgan, Richard Boone.

El último tren de Gun Hill (*Last Train from Gun Hill*, 1959). Director: John Sturges. Intérpretes: Kirk Douglas, Anthony Quinn, Earl Holliman, Carolyn Jones, Brian Hutton.

Unión Pacífico (*Union Pacific*, 1939). Director: Cecil B. DeMille. Intérpretes: Barbara Stanwyck, Joel McCrea, Akim Tamiroff, Robert

Preston, Anthony Quinn, Lynne Overman, Brian Donlevy, Evelyn Keyes.

Los valientes andan solos (*Lonely Are the Brave*, 1962). Director: David Miller. Intérpretes: Kirk Douglas, Walter Matthau, Gena Rowlans, George Kennedy.

El valle del destino (*Valley of Decision*, 1945). Director: Tay Garnett. Intérpretes: Greer Garson, Gregory Peck, Lionel Barrimore, Donald Crisp, Marsha Hunt.

Valor de ley (*True Grit*, 1969). Director: Henry Hathaway. Intérpretes: John Wayne, Kim Darby, Glen Campbell, Dennis Hopper, Robert Duvall.

El vaquero y la dama (*The Cowboy and the Lady*, 1938). Director: H. C. Potter. Intérpretes: Gary Cooper, Merle Oberon, Patsy Kelly, Walter Brennan, Harry Davenport.

El vengador sin piedad (*The Bravados*, 1958). Director: Henry King. Intérpretes: Gregory Peck, Stephen Boyd, Albert Salmi, Joan Collins, Lee Van Cleef.

La venganza de Ulzana (*Ulzana's Raid*, 1972). Director: Robert Aldrich. Intérpretes: Burt Lancaster, Bruce Davison, Jorge Luke, Richard Jaeckel.

Veracruz (1953). Director: Robert Aldrich. Intérpretes: Gary Cooper, Burt Lancaster, Sara Montiel, César Romero, Ernest Borgnine, Charles Bronson.

Vidas rebeldes (*The Misfits*, 1961). Director: John Huston. Intérpretes: Clark Gable, Marylin Monroe, Montgomery Clift, Eli Wallach, Thelma Ritter, James Barton, Estelle Winwood, Kevin McCarthy.

Wagonmaster (1950). Director: John Ford. Intérpretes: Ben Johnson, Joanne Dru, Harry Carey Jr., Ward Bond.

Winchester 73 (1950). Director: Anthony Mann. Intérpretes: James Stewart, Shelley Winters, John McIntire, Will Geer, Rock Hudson, Tony Curtis.

Woman They Almost Lynched (1952). Director: Allan Dwan. Intérpretes:

Joan Leslie, Audrey Totter, John Lund, Brian Donlevy, Ben Cooper.

Young Billy, Young (1969). Director: Burt Kennedy. Intérpretes: Robert Mitchum, Angie Dickinson, Robert Walker Jr., David Carradine.

Yuma (*Run of the Arrow*, 1956). Director: Samuel Fuller. Intérpretes: Rod Steiger, Sara Montiel, Charles Bronson.

El zurdo (*The Left Handed Gun*, 1958). Director: Arthur Penn. Intérpretes: Paul Newman, John Dehner, Lita Milan.

Índice alfabético